Industriedenkmale im Ruhrgebiet

Reinhold Budde/Peter Drecker/Axel Föhl/
Roland Günter/Heinz-Dieter Klink/Ursula Mehrfeld/Hans-Peter Noll

Industriedenkmale im Ruhrgebiet

In Zusammenarbeit mit der RAG Montan Immobilien GmbH
Ellert & Richter Verlag

Inhalt

Vorwort

Industriedenkmale sind mittlerweile fester Bestandteil unserer Kultur, sie sind unschätzbare Zeugen der Geschichte, die einhergehend mit der industriellen Entwicklung in Europa gerade die großen Ballungsräume geprägt haben. Industriedenkmale stehen symbolisch für die Geschichte der arbeitenden Menschen – dies macht den hohen Identifikationswert dieser Orte aus. Nirgendwo sonst findet man so eine Fülle und Dichte von Industriedenkmalen wie im Ruhrgebiet – bestens vernetzt durch die Route der Industriekultur, spannend erlebbar durch Museen und architektonisch einzigartige Veranstaltungsorte, lebendig bewahrt durch nachhaltige Revitalisierungen in Form von innovativen Gründerzentren oder modernen Technologiestandorten.

Diese Orte laden nicht nur ein zu einer Reise, sondern zum Verweilen. Das ist der Verdienst der politischen, wirtschaftlichen und kulturellen Kräfte in der Region, die seit über 30 Jahren den kontinuierlichen Prozess des Strukturwandels vorwärtsbringen, indem sie mit dem Stolz auf das Erreichte das Vergangene erhalten und mit dem Neuen harmonisch zusammenfügen. Es wurde erkannt, dass Kultur Identität schafft und eine attraktive Kulturlandschaft ein ganz wesentlicher Standortfaktor ist, der das Image der Region verbessert. Industriekultur, Denkmalschutz und Kulturtourismus wurden kontinuierlich gefördert – dieser erfolgreiche Wandel vom Industrieraum zur Kulturmetropole mündete darin, dass das Ruhrgebiet zur Kulturhauptstadt Europas RUHR.2010 gekürt wurde.

Die zahlreichen revitalisierten historischen, teils denkmalgeschützten Industriegebäude sind nicht nur Denkmale der Wirtschaftsepoche „Kohle und Stahl", sondern auch Wahrzeichen des gelungenen wirtschaftlichen Strukturwandels im Ruhrgebiet. Dienstleistung und Technologie sind heute auf den ehemaligen industriellen Produktionsstätten zu Hause. Insbesondere Unternehmer und Akteure der Kultur- und Kreativwirtschaft – eine der Wachstumsbranchen in Nordrhein-Westfalen – wissen den unverwechselbaren Charme und die architektonische Einzigartigkeit der industriehistorischen Gebäude zu schätzen. Sie erkennen ihr kreatives Potenzial und wissen um ihre positive Imagewirkung. In unserer mittlerweile 30-jährigen Tätigkeit als Entwickler von ehemaligen Bergbauflächen im Ruhrgebiet haben wir immer wieder die Erfahrung gemacht, dass herausragende industriehistorische Gebäude – natürlich durch innovative Nutzungskonzepte erweckt – einem Standort das Gesicht geben und als Leuchttürme seine weitere Entwicklung positiv begleiten können.

Die Rettung der Industriebauten ist eine Geschichte für sich, die sich liest „wie ein Kriminalroman" – packend erzählt in diesem Bildband von Autoren wie Axel Föhl und Roland Günter, Pionieren der Region, die die Einzigartigkeit der Industriekultur schon früh erkannt und benannt haben. Die gigantische Herausforderung der Industriedenkmalpflege beschreibt Ursula Mehrfeld von der Stiftung Industriedenkmalpflege und Geschichtskultur anhand von spannenden, eindrucksvoll bebilderten Beispielen. Industrienatur scheint zunächst ein Widerspruch in sich zu sein, aber der Landschaftsarchitekt Peter Drecker erläutert in seinem Beitrag, wie Flora und Fauna die Industriebrachen zurückerobert haben und wie Industrierelikte und wilde Natur eine besondere Symbiose eingehen. Bereichert wird dieser Bildband außerdem durch einen Beitrag von Heinz-Dieter Klink, Direktor des Regionalverbands Ruhr, und Reinhold Budde, einem der Architekten der Route der Industriekultur – die touristische Straße, die die Schätze der Region für Einheimische und Touristen einfach erlebbar macht. Eine Route, die viel mehr ist als eine touristische Straße mit 24 Ankerpunkten, nämlich ein fein verzweigtes Netz von Themenrouten und Themenschwerpunkten wie Arbeitersiedlungen, Panoramen der Industrielandschaft oder der Route Industrienatur.

Dieser Band lädt ein zu einer Bilderreise durch die Region, zum Bestaunen des einzigartigen Erbes und Potenzials des Ruhrgebiets – der Industriekultur. Denn die Industriedenkmale legen Zeugnis ab vom Wandel der Metropole Ruhr, erzählen lebendige Industriegeschichte und öffnen unseren Blick für faszinierende Orte, deren Erhalt sich lohnt, denn gesichts- und geschichtslose Orte gibt es schon genug.

Allen Lesern wünschen wir viel Vergnügen auf dieser Reise, die immer spannend bleibt.

Prof. Dr. Hans-Peter Noll
Vorsitzender der Geschäftsführung der RAG Montan Immobilien GmbH und Honorarprofessor am Geografischen Institut der Ruhr-Universität Bochum

Licht – am Ende des Tunnels. Aus Betriebsgebäuden entstehen mit frischen Konzepten und dem notwendigen Mut zur Innovation neue Zukunftsstandorte. Im Bild die Lichthalle des ehemaligen Bergwerks Lohberg in Dinslaken. Hier entsteht das KreativQuartier Lohberg.

(Großes Foto) Leuchtturm des Wandels. Der sogenannte Hammerkopfturm, eine technische Meisterleistung zur platzsparenden Unterbringung der Maschinenbühne in luftiger Höhe, dient heute als deutschlandweit einmaliger Bürostandort. Auf dem Gelände des ehemaligen Bergwerks Minister Stein in Dortmund ist ein neues Stadtteilzentrum mit angrenzendem Service- und Gewerbepark entstanden.

Malakow – der Inbegriff von Größe, Stärke und Belastbarkeit aus den Tagen des Krimkriegs findet sein Ebenbild in den steinernen Zeitzeugen der frühen Industrialisierung im Ruhrgebiet. Der Malakowturm des Bergwerks Ewald aus dem Jahr 1875 ist derzeit im Umbau zu einer außergewöhnlichen Büroimmobilie.

Showroom. In den früheren Betriebsgebäuden des Bergwerks Ewald haben heute zahlreiche Gewerbe- und Dienstleistungsunternehmen ihren Stammsitz. In den monumentalen Denkmälern lassen sich nicht nur einzigartige Ausstellungsflächen realisieren; sie bieten den Kunden neben den Produkten auch ein stilvolles Ambiente.

Die Feuer verlöschen nie

Axel Föhl

„Die Feuer verlöschen nie" war noch 1969 der Titel einer Festschrift für die August-Thyssen-Hütte in Duisburg gewesen. Fast trotzig charakterisierten so ein Historiker und ein Journalist die Wiederaufbauphase der kriegszerschmetterten Ruhrgebietsindustrie in den 1950er und 1960er Jahren. Alle die Giganten, die ein gutes Jahrhundert lang Montangeschichte geschrieben hatten – Krupp, Thyssen, Hoesch, samt den entflochtenen Großgebilden der Zwischenkriegs- und Nazizeit –, ließen wieder den Rauch aus den Schloten steigen, der am Anfang der Industrialisierung des Ruhrgebiets das Markenzeichen auf ihren Firmenansichten gewesen war. Duisburg – die „Stadt Montan" – hatte, so sagt man, den höchsten Waschmittelverbrauch der 1949 gegründeten Bundesrepublik.

Diese Rangliste führt Duisburg heute mit Sicherheit nicht mehr an. Obwohl der neu gegründete Thyssen-Krupp-Konzern die Stahlerzeugung auf Kosten Dortmunds hier konzentrierte, sind nahezu alle Quellen der Wäscheverschmutzung aus dem Stadtbild verschwunden – Hüttenwerke, Kokereien und Zechen haben ihre Produktion bis auf wenige, hochleistungsfähige und ihre Abgase weitgehend zurückhaltende Anlagen längst eingestellt, nur noch Teile ihrer Betriebsflächen und einige wenige Gebäude der schwerindustriellen Arbeit sind übrig geblieben – viele mittlerweile Objekte von Denkmalpflege und Geschichtsunterricht, kommentiert von den stets weniger werdenden Menschen, die über das tägliche Werk auf Hütte und Zeche noch aus eigener Erfahrung Auskunft geben können. Wie in Duisburg, so geht es auch in den anderen Städten des Reviers: Im Süden, wo der Steinkohlenbergbau einst angefangen hatte, ist es für den Ortsfremden schwer geworden, Zeugen dieser alten Industrie aufzuspüren. Aufgelöst ist der Zusammenhang von Zeche, Hütte und „Kolonie", wie die Wohnsiedlungen der Berg- und Stahlwerksarbeiter genannt wurden. Die markanten stählernen Fördergerüste – sozusagen die Kirchtürme der Werkssiedlungen – verschwinden von Süden nach Norden fortschreitend. In Essen oder Bochum gibt es keine fördernde Kohlenzeche mehr.

Das ist auch der Grund, warum man seit einigen Jahren von „Industriedenkmalen" spricht. Wie der Kölner Dom vom Mittelalter oder Sanssouci von Preußens Glanz und Gloria künden, bilden die Malakowtürme oder Gebläsemaschinenhallen des Ruhrgebiets die Zeugen des Industriezeitalters, das in Deutschland mit dem gewaltigen Ansteigen der Kohleförderung und Eisenerzeugung um 1830/40 mit Macht begonnen hatte. Das Ruhrgebiet war dabei nur eines von mehreren Zentren der Montanindustrie. Im 1815 um die Westprovinzen vergrößerten Preußen war es zum Beispiel Oberschlesien, das dem Ruhrgebiet zeitlich voranging und lange technologisch die bedeutendere Rolle spielte. Auch die viel älteren Bergbaugebiete in Sachsen und im Harz, wo es unter anderem um die begehrten Edelmetalle ging, hatten am Beginn des 19. Jahrhunderts schon lange Epochen technischer und wirtschaftlicher Blüte hinter sich. Aber das Ruhrgebiet sollte aufgrund geologischer und standortbedingter Faktoren Europas größtes zusammenhängendes Montanindustrierevier werden. Heute, nach 200 Jahren Entwicklung, ist das Ende abzusehen: Bald wird der Zeitpunkt gekommen sein, zu dem der letzte Kumpel seinen Schutzhelm an die Kette in der Waschkaue hängt und der letzte Hüttenmann vom „ausgeblasenen" Hochofen herabsteigt. Das alles hat zwar die Jahrtausendwende noch überdauert, aber es kann nicht mehr sehr lange dauern, bis der Satz von 1969 „Die Feuer verlöschen nie" widerlegt und der Pütt zum Denkmal und Museum wird, ungeachtet der Frage, ob nicht der ein oder andere doch das Stichjahr 2018 überleben wird, in dem nach jetziger politischer Aussage der Steinkohlenbergbau erlöschen soll.

Quasi zum Zeichen dafür haben das Land Nordrhein-Westfalen und die Ruhrkohle AG Ende 1995 einen Vertrag zur Gründung der Stiftung „Industriedenkmalpflege und Geschichtskultur" unterschrieben. Die mittlerweile 13 in die Stiftung eingebrachten Zechenanlagen im Wert von über zehn Millionen Euro und 20 Millionen Euro Landesmittel sollen dafür sorgen, dass genügend übrig bleibt, um dem Besucher des Jahres 2050 die Geschichte des Ruhrgebiets auch außerhalb des Museums erklären zu können. Weitere Objekte sollen zu den Bauten und Anlagen, die bereits unter Denkmalschutz stehen, hinzukommen. Nach dem Vorbild von England will man einen „Industrie-Tourismus" entwickeln, der im Mutterland der industriellen Revolution, Großbritannien, bereits für kräftige Umsätze sorgt. Die „Route der Industriekultur" ist hier ein sehr erfolgreicher Anfang.

Uns wird die Bildreise durchs Ruhrgebiet in einer „Vorabbesichtigung" das ganze Panorama vor Augen führen, noch ehe die „Dauerausstellung" eröffnet ist: Industriedenkmale des Reviers vom Malakowturm bis zum Schiffshebewerk, von der Zechenkolonie bis zum Hochofen machen aus dem Ruhrgebiet ein ganz einzigartiges Reiseziel, dessen Attraktion jenseits des Klischees vom „Ruß-Land" im Besonderen liegt, das es hier gibt und nirgendwo anders.

„This is where it all began" – „hier hat alles angefangen", sagen die Engländer, wenn von Englands größtem Industrie-Freilichtmuseum „Ironbridge" die Rede ist. Gemeint ist der Technologiesprung, für das Erschmelzen von Eisen aus dem

„Hier hat alles begonnen", sagen die Engländer und meinen damit den kleinen Ort Coalbrookdale bei Birmingham, wo 1779 die erste gusseiserne Brücke der Welt, die „Iron-Bridge", eingeweiht wurde. Besonderheit: Das Eisen war nicht mehr mit Holz-, sondern mit Steinkohle erschmolzen worden. Damit kam die industrielle Revolution in Gang.

Eisenerz, das „Verhütten", Steinkohle statt Holzkohle als Energieträger zu verwenden. Er hat in experimentellen Stufen in der Regie der protestantischen Quaker-Familie Darby am Anfang des 18. Jahrhunderts stattgefunden, lange bevor man auf dem Kontinent so weit war. Dokument dieses qualitativen, bald auch quantitativen Sprungs war die „Iron-Bridge" von 1779, jene 30 Meter lange, gusseiserne Brücke, die noch heute den Fluss Severn in seinem Oberlauf überspannt. Nur wenige Jahre später, im Jahr 1791, kopiert der aufgeklärte Fürst Leopold III. Friedrich Franz von Anhalt-Dessau diese Brücke für seinen Wörlitzer Schlosspark aus pädagogischen Gründen – aber in Schmiedeeisen.

Deutlich wird hier der technologische Vorsprung Englands gegenüber dem Kontinent, den diese Nation bis um 1900 behalten sollte. Erst dann überflügelt die deutsche Kohle- und Stahlproduktion die englische, Deutschland ist „hoch industrialisiert".

Im Ruhrgebiet um 1800 lagen solche Zeiten noch in weiter Ferne. In jahrtausendelanger Arbeit hatte sich im Süden des Reviers das Ruhrtal bis zu hundert Meter tief in den Nordrand des Rheinischen Schiefergebirges eingesägt. Der Fluss hat damit hier die Kohle führenden Schichten des „Karbon" freigelegt und den ersten, technisch noch primitiven Abbau des Brennstoffs, die „Kohlengräberei", möglich gemacht. Was die Zeitgenossen damals noch nicht wussten: Geologisch ist das Ruhrgebiet Teil einer von Irland über England nach Belgien und weiter nach Osten über Sachsen und Schlesien sich bis in die Ukraine erstreckenden Mulde, der „Geosynklinale", die zu Beginn des Devon, vor etwa 405 Millionen Jahren, von einem Meer erfüllt war. Im Gebiet des späteren Reviers bildeten sich Flachmoore mit feuchtwarmem Klima. Diese Wald-Sumpfmoore bestanden, wie man aus fossilen Funden weiß, aus Siegelbäumen, Schuppenbäumen, Riesenfarnen und -schachtelhalmen. Absenkungen des Grundes sorgten in wiederholten Prozessen für die Überlagerung der Vegetation mit Schlamm und Geröll. Hitze und Druck machten aus Waldschichten Kohleflöze. So entstand eine „Schichtentorte", die aber durch Faltung und Kippung zu Mulden und Sätteln geformt wurde, was später den Ruhrbergbau im Gegensatz zu anderen Steinkohlerevieren zu einer komplizierten und kostenträchtigen Angelegenheit machen sollte, ein Handicap, das bis heute fortbesteht.

Festzuhalten ist noch die Entstehung unterschiedlicher Kohlearten, wobei das überwiegende Vorkommen (60 Prozent) von Fettkohle mit ihrer leichten Verwandelbarkeit in Koks die Voraussetzung für die Hüttenindustrie im Ruhrgebiet bildete und die Kombination der Kohle- mit der Eisenindustrie möglich machte. Von Süden nach Norden fortschreitend „kippen" die Kohle führenden Schichten zunehmend in die Tiefe. Demzufolge arbeitete der Abbau auf seiner Nordwanderung um 1850 bei durchschnittlich hundert Meter „Teufe" (bergmännischer Ausdruck für Tiefe). 1956 waren es dann weiter im Norden schon 620 Meter. Die modernen Zechen am Nordrand des Reviers arbeiten heute mit bis zu 1300 Meter Fördertiefe unter gewaltigem Maschineneinsatz für Belüftung (Wetterführung) und Wasserförderung (Wasserhaltung).

Gar keines Maschineneinsatzes bedurften die ersten „Kohlekumpel", wenn man sie denn überhaupt schon so bezeichnen kann, denn eigentlich waren es Bauern und Tagelöhner, die zur Deckung ihrer eigenen Brennstoffbedürfnisse zur Schaufel griffen und etwa seit dem 14. Jahrhundert „Pingen" – trichterförmige Gruben – da aushoben, wo die Kohle im Süden des Reviers direkt zutage trat.

Die nächste, nun schon professionell betriebene Fördertechnik war der Stollenbergbau, der nach dem Vorbild mittelalterlicher Erzgewinnung waagerechte Gänge – Stollen – in die Ruhrhänge trieb. Wo sie ans Tageslicht kamen, wurden die sogenannten Mundlöcher auch schon einmal ummauert und damit als eine Art Architektur kenntlich gemacht. Das Wittener Muttental hält für den Besucher Rekonstruktionen davon ebenso bereit wie einen nachgebauten „Pferdegöpel", bei dem die Tierkraft für den Antrieb der

„Haspel" benutzt wurde. Das war eine Seilrolle, über die das Förderseil mit dem Kohleneimer in nun schon senkrechten Schächten auf und ab bewegt wurde.

Im Gelände sichtbar sind heute auch noch sogenannte Niederlagen, Kohlelagerplätze, auf denen die aus den Stollen zutage gebrachten Kohlen am Ruhrufer auf den Abtransport mit „Ruhraaks", langen Booten mit 30 bis 40 Tonnen Fassungsvermögen, warteten. Lange vor dem Dampflokzeitalter entstanden auch erste Eisenbahnen als mensch- oder tierbetriebene Schiebewege zwischen Stollenmundloch und Flussufer.

Von 1776 bis 1780 verbesserte Preußen auf seinem märkischen Territorium die Schiffbarkeit der Ruhr. Hier und auf den Nachbargebieten entstanden 16 Schleusen in Holz und Stein. Einige davon, so in Essen, Mülheim oder Hattingen, sind in der renovierten Gestalt der 1840er Jahre heute noch zu besichtigen. 1790 förderten immerhin schon 130 Ruhrzechen. Ihr Produkt ließ das damals noch nicht zu Duisburg gehörende Ruhrort zum Kohleumschlaghafen für den Ruhr-Rhein-Verkehr werden. Die hier ansässigen Kaufleute erwarben so das Kapital, das sie später in Großzechen und Hütten investieren sollten.

Die Dampfmaschine vergrößerte dann die Reichweiten des Ruhrbergbaus in die Tiefe. Ihre Leistung als Wasserpumpe, später auch als Fördermaschine, begründete den Weg in tiefer und tiefer gelegene „Sohlen", die über immer tiefer gehende Schächte erreicht werden konnten. Wenn es auch Dampfmaschinen im Ruhrbergbau seit Beginn des 19. Jahrhunderts gibt, datiert der „Tiefbau" mit Teufen von über hundert Meter erst ab dem Ende der 1830er Jahre, in denen es gelang, die „Mergeldecke", ein kompaktes Schichtgestein, zu durchstoßen und zu den ergiebigeren Vorkommen, vor allem der verkokbaren Fettkohle, zu gelangen. Was von dieser Epoche heute noch zu sehen ist, sind vor allem die meist in Bruchstein aufgeführten „Schacht- und Maschinenhäuser", deren Zusammenhang mit dem Bergbau nicht leicht zu erkennen ist, da sie lange schon zu Wohnzwecken umgenutzt worden sind. Das „Bethaus" im Wittener Muttental oder die Bauten der Dortmunder Zeche Johannes Erbstollen in Kruckel sind solche Beispiele aus der vorletzten Jahrhundertmitte. Auch die Baugruppe der Zeche Nachtigall in Witten-Bommern, heute Außenstelle des LWL-Industriemuseums (die Abkürzung steht für Landschaftsverband Westfalen-Lippe), gibt einen guten Eindruck von der Bergbauarchitektur des Ruhrgebiets in der Zeit vor den Malakowtürmen.

Es gibt eine Pariser Metro-Station mit Namen „Malakoff", eine ebenso genannte Torte, und es gibt die „Malakowtürme" im Ruhrgebiet. Allen gemeinsam ist der Rückbezug auf die Ereignisse des Krimkriegs, der zwischen Russland auf der einen, der Türkei, Frankreich und England auf der anderen Seite zwischen 1853 und 1856 ausgetragen wurde. In diesem Krieg spielte das Fort Malakow als Teil der Befestigung Sewastopols eine bedeutende Rolle, weil es mit seiner massiven Bauweise der Belagerung durch Engländer und Franzosen lange widerstanden hatte.

Die erstmals mit Zeitungen und sogar Fotografien über einen Krieg gut unterrichteten Zeitgenossen im Ruhrgebiet übertrugen die Bezeichnung „Malakow" nun auf die trutzigen, immer höher werdenden Backsteintürme über ihren Tiefbauzechen. Aus dem Haus über dem Schacht, das sich noch kaum von Wohnarchitekturen unterschied, entwickelt, bildeten zwischen 1850 und 1880 die Malakowtürme sozusagen die Visitenkarte des Steinkohlenbergbaus, wie es sie, zum Beispiel in den englischen Kohlerevieren, nirgends gegeben hatte.

Die einstige Gesamtzahl der Malakowtürme des Ruhrgebiets ist unbekannt. Fest steht lediglich, dass es heute nicht mehr als 13 von ihnen gibt, die die technischen Innovationswellen des Ruhrbergbaus überstanden haben. Vom linksrheinischen Duisburg-Homberg bis zum Ostrand des Reviers in Dortmund finden sich die backsteinernen oder aus Bruchstein (in Bochum-Sundern) gefügten, bis zu 33 Meter hohen Giganten. In ihrem Inneren verbarg sich das hölzerne Gerüst, in dem die „Seilscheibe" aufgehängt war, über die das dampfmaschinenbewegte Förderseil auf- und abstieg.

Der Essen-Altenessener Malakowturm, von 1856 bis 1861 über dem Schacht

Seit 1850 ersetzten Grubenpferde unter Tage Menschenkraft. Bis zu 20 Förderwagen bewegte ein solches Tier. 1966 fuhr das letzte Grubenpferd des Reviers seine Schicht. Die Aufnahme stammt aus der Zeit um 1900.

Papiermühlenschleuse Essen-Werden. Die Ruhr im Süden des Reviers kam als Transportweg für das Massengut Kohle wie gerufen, musste allerdings an vielen Stellen schiffbar gemacht werden. Dies besorgten die Preußen auf eigenen und den Nachbarterritorien seit 1776 so gründlich, dass der Fluss bis weit ins 19. Jahrhundert hinein zu einer der meistbefahrenen deutschen Wasserstraßen wurde. In Mülheim, Essen und weiter östlich sind eine ganze Reihe von Schleusenanlagen erhalten, allerdings in ihrer nach 1840 neu hergestellten Form.

(Großes Foto) Bevor man senkrecht in die Tiefe ging, um die Steinkohle zu erreichen, herrschte der Stollenbau vor, bei dem man mehr oder weniger waagerechte Gänge in die Hänge des Ruhrtals trieb. Das „Mundloch" des Dreckbänker Erbstollens bei Wengern stellt das Ende eines viele Kilometer umfassenden Grubengebäudes dar. Stollen dienten neben dem Kohletransport auch der Abfuhr der unter Tage zufließenden Wasser. Besonderheit hier in Wengern: die Verwendung zweier Renaissance-Kaminwangen zur Umkleidung der Tür zur Gezähekammer, dem Werkzeugraum einer Grube.

So mag es um die Mitte des 19. Jahrhunderts im Kohlenrevier ausgesehen haben: Zwar erhoben sich ab etwa 1855 die ersten mächtigen Mauerwerksungetüme der Malakowtürme über den tiefer und tiefer werdenden Schächten, aber im Süden gab es Aberdutzende kleine und kleinste Zechen, die nicht mehr als ein Dutzend Bergleute beschäftigten und deren Fördergerüste nicht anders aussahen als das der Herbeder Kleinzeche Egbert, die 1962 ihr nachkriegsbedingtes und ein wenig unzeitgemäßes Leben begann. 1976 wurde sie als letzte Kleinzeche des Reviers stillgelegt.

Die Zeche Nachtigall im Muttental bei Witten gibt einen guten Eindruck von einer Schachtanlage der Mitte des 19. Jahrhunderts. Erhalten hat sich unter anderem das in Bruchstein errichtete Maschinenhaus. Das Industriemuseum des Landschaftsverbands Westfalen-Lippe (LWL-Industriemuseum, früher Westfälisches Industriemuseum), das die Zeche als einen seiner acht Standorte betreut, hat zur Verdeutlichung des ursprünglichen Zwecks des Bauwerks eine von der Zeche Franz Haniel stammende Dampfmaschine hierhergeholt.

Es ist gar nicht zu bezweifeln, dass der Bergbau seit Beginn der Industrialisierung eine eigene architektonische „Hochkultur" herausgebildet hat. Keine 40 Jahre liegen zwischen Malakowturm (1873, rechts im Bild) und Lohnhalle (1906) der Dortmunder Zeche Westhausen, aber jeder Bau spiegelt die Architekturströmungen seiner Zeit von Neugotik bis Jugendstil wider. Die von Kunsthistorikern so verlachten „Burgtürmchen" des Malakowturms hatten sehr reale Existenzgründe: In ihnen verbergen sich die Fluchttreppen, sollte im Hauptturm ein Brand ausbrechen. Die Lohnhalle der Schachtanlage Westhausen stellt eines der wenigen Beispiele für die Anwendung des Jugendstils im rheinisch-westfälischen Bergbau dar. Lediglich in Bochum-Gerthe hat sich mit dem Maschinenhaus der Zeche Lothringen ein weiterer signifikanter Jugendstil-Bau erhalten.

Carl des „Cölner-Bergwerks-Vereins" errichtet, ist ein gutes Beispiel für die erste Generation der Malakowtürme. Symmetrisch sind an den 25 Meter hohen Turm zwei Seitenflügel angesetzt. Einer beherbergt die Dampfförder-, der andere die Wasserhaltungsmaschine zum Hochpumpen der Grubenwässer. Die architektonische Zier des glatten Backsteinbaus ist sparsam. Flache vertikale und horizontale Vorsprünge rahmen die bogenförmigen Fensteröffnungen. Drei kreisrunde „Bullaugen" sitzen unmittelbar unter der Eisenplatte mit dem Schachtnamen „Carl".

Ähnlich ist auch die Anlage der Zeche Holland I/II in Gelsenkirchen-Ückendorf. Hier sitzt das zentrale Maschinenhaus zwischen zwei ungleich hohen Malakowtürmen mit Zinnen und Ecktürmchen. Noch trutzburgähnlicher sind die Malakowtürme Prosper II in Bottrop und Westhausen in Dortmund.

Architekturhistoriker haben sich lange lustig gemacht über die „Maskerade", die darin bestehe, dass man Elemente des Burgenbaus auf Industrieanlagen übertrage. Was sie nicht wussten, weil sie von Technikgeschichte nichts verstanden, war dies: Die „schmückenden" beiden Ecktürme in Bottrop und Dortmund verbargen Fluchttreppen, auf denen die Kumpel, abgetrennt vom Hauptturmkörper, fliehen konnten, wenn in diesem Feuer ausbrach. Dies konnte leicht geschehen, da ja der gesamte Innenausbau aus Holz bestand. Hier gibt es viel zu lernen im Ruhrgebiet. Um die Bauten der Industrie richtig zu verstehen, muss man sowohl von Architektur als auch von Technik etwas wissen, sonst geht man allzu leicht an der Sache vorbei. Zur Verbreitung dieses Wissens werden sicher die neuen Industriemuseen beitragen, die die Landschaftsverbände Rheinland und Westfalen-Lippe 1984 beziehungsweise 1979 gegründet haben. Eine Außenstelle ist sogar in einem Malakowturm untergebracht: in der Zeche Hannover I/II in Bochum-Hordel.

Die industrielle Hochkonjunktur der Wende vom 19. zum 20. Jahrhundert sorgte im Revier für die Neuanlage zahlreicher Zechen. Bevorzugter Baustil der Zeit: die als „deutsch" empfundene Neugotik. Gute und hervorragend instand gesetzte Beispiele sind die Schachtanlage I/II der Essener Zeche Bonifatius (links), der dem mittelalterlichen Stadttor des brandenburgischen Stendal nachempfundene Kopfbau der Zeche Hansemann in Dortmund-Mengede (Mitte) und der größte Teil der 1904 eröffneten Schachtanlage Zollern II/IV in Dortmund-Bövinghausen mit ihrer bahnbrechenden Stahl-Glas-Maschinenhalle (rechts).

Malakowtürme wurden bis Ende der 1870er Jahre gebaut. Dann ging man (ab 1876) zur Konstruktion stählerner Fördergerüste über, die oft genug auch nachträglich auf die alten Malakowtürme aufgepfropft wurden. Beim Turm der Zeche Prosper in Bottrop kann man das noch heute sehr schön sehen. Damit sind wir auch schon bei der nächsten Epoche im Steinkohlenbergbau des Ruhrgebiets angelangt: der großen Zeit der stählernen Fördergerüste, die – Ende der 1870er Jahre beginnend – im Grunde bis heute andauert. Vor 120 Jahren war die deutsche Stahlindustrie allmählich in der Lage, die Mengen hochwertigen Stahls zu liefern, die benötigt wurden, um die hohen Bauwerke über den Schächten aus diesem Werkstoff herzustellen.

Fortan wurde die typische Silhouette des asymmetrischen Gerüsts, aus dem „englischen Bock-" zum „deutschen Strebengerüst" weiterentwickelt, zum Wahrzeichen von Zechen und ganzen Stadtteilen. Oft wird der Wahrzeichencharakter allen erst dann bewusst, wenn ein solches Gerüst beseitigt ist. Immer mehr Menschen im Revier setzen sich daher dafür ein, dass diese Gerüste häufiger als bisher erhalten bleiben. Die Gerüste bilden in dem riesigen städtischen Gebilde Ruhrgebiet klare Fixpunkte der Orientierung.

1973 setzte die Landesregierung von Nordrhein-Westfalen ein erstes deutliches Zeichen ihrer Absicht, Industriedenkmale zu erhalten: Das stählerne Vollwand-Doppelstrebengerüst der stillgelegten Zeche Germania in Dortmund wurde über dem Deutschen Bergbau-Museum Bochum wiederaufgebaut. Steht dieses Gerüst noch ein wenig verwirrend mitten in einem Wohngebiet, so blieben bald darauf andere Fördergerüste an ihrem originalen Standort als Denkmale erhalten. Das erste war 1976 das Gerüst des Duisburger Schachts Thyssen VI, das mit seinem Standort auf dem Parkplatz der Ruhrgas-Verwaltung an der Duisburger Straße in Alt-Hamborn die einzige Erinnerung an die „Gewerkschaft Deutscher Kaiser" bildet, mit der Thyssen Bergbau zur Versorgung seiner Hüttenwerke betrieb.

Hunderte solcher „Fördertürme", wie sie jedermann im Revier nennt (der Fachmann hingegen nennt nur das Gebilde „Förderturm", das eine Fördermaschine trägt, alles andere sind „Fördergerüste"), entstanden zwischen 1876 und heute. Übrig sind davon wenige Dutzend, viele außer Betrieb. Ein solches Gerüst ist zumeist nur der am meisten auffallende Teil einer Schachtanlage. Ab etwa 1890 kamen mehr und mehr Gebäude zu Schacht, Fördermaschine und Wasserhaltung dazu.

Der Markt verlangte bestimmte Kohlengrößen, frei von Abfall: Die großen „Kohlenwäschen" entstanden dort, wo man sortierte und Steine, die „Berge", aussonderte. Absatz- und Förderanlagen vermittelten zwischen Kohleförderung und Eisenbahn- beziehungsweise Fuhrwerksverladung. Mit den Zechenkokereien entwickelte sich die Kohlechemie. Die Zeche wurde zur flächenfressenden Großfabrik. Ihre „öffentlichsten" Gebäude (freilich auch sie nur für Werksangehörige betretbar), Waschkaue, Lohnhalle, Verwaltung, wurden aufwendiger und kündeten im Stadtbild von der Macht der Kohlekonzerne. Bonifatius in Essen-Kray, Hansemann in Dortmund-Mengede und vor allem die Reißbrett-Anlage Zollern II/IV in Dortmund-Bövinghausen sind Musterstücke der wilhelminischen Montanindustrie. Zollern II/IV ist aber auch der Gelenkpunkt in die Moderne: Hinter dem „gotischen" Vorderteil ragt plötzlich der 1902 vollendete Stahl-Glas-Bau der Jugendstil-Maschinenhalle hervor. Eine ganz neue Formensprache hält in den Bergbau Einzug. Ist Wilhelm-Emil in Essen-Frillendorf klassisch-modern, so spricht die Zentralschachtanlage Zollverein XII von 1928 bis 1932 in Essen-Katernberg die kompromisslose Sprache der „Neuen Sachlichkeit". Rationalisierung, Schnörkellosigkeit und riesige Größe symbolisieren das Zeitalter der Syndikate und Trusts, die in den 1930er Jahren dann so nahtlos der hitlerischen Kriegsindustrie zu Diensten waren, wie das Einzelne wie Fritz Thyssen oder Emil Kirdorf schon vor der „Machtergreifung" vorexerziert hatten.

Dennoch ist die Anlage Zollverein XII alles andere als Nazi-Architektur. Die Stilrichtung, die diese heute zum großen Industrie- und Baudenkmal gewordene Schachtanlage verkörpert, fand bis nach 1945 nur noch außerhalb Deutschlands Nachfolger. Dem Vorbild dieser Zeche folgten hier erst wieder die durch Kriegszerstörung bedingten Ersatzbauten der 1950er und 1960er Jahre.

Erst danach suchte man nach neuen Formen im Zechenbau, allerdings mit wenig Erfolg. Sie sehen aus „wie eine Brotfabrik", spottete der Revierdichter Max von der Grün über neue Zechen der 1970er Jahre. Auch beim Bau von Fördergerüsten gelang meist keine überzeugende Form mehr, wie das „Knickebein"-Gerüst der Zeche Monopol in Bergkamen von 1983 zeigt. Die Entwicklung bedurfte eigentlich auch keiner Fortsetzung. Neue Zechen wird man im Ruhrgebiet wohl nicht mehr bauen. Umso interessanter ist aber der Rückblick auf die fast 150-jährige Tradition des Steinkohlenbergbaus und seiner Architektur, die noch heute dem Ruhrgebiet das typische Gepräge verleiht.

Die für die Arbeitswelt des Bergbaus wohl typischste Einrichtung ist die Waschkaue. Sie stellt den Ort des Wechsels zwischen Arbeits- und Alltagskleidung dar. Die Beanspruchung der Arbeitskleidung durch Schmutz und Nässe bedingt ihre besondere Unterbringung an der Decke der Kleiderhallen einer Waschkaue, wo sie trocknen konnte. An langen Ketten wurde die Freizeitkleidung empor- und die Arbeitskleidung herabgezogen, nach Schichtende entsprechend umgekehrt. Die allgemeine Einführung der Waschkauen um 1900, in denen die Bergarbeiter sich nach der Schicht auch duschen konnten, stellte einen großen hygienischen Fortschritt dar.

Bald wird man es nur noch im Museum besichtigen können, wie hier im Deutschen Bergbau-Museum Bochum: das Innere einer für den Bergbau so typischen „Waschkaue", den Ort also, wo die Verwandlung stattfindet vom kohlschwarzen Kerl aus Untertage in den feierabendlichen Kumpel vor dem Nachhauseweg. Mit Vorhängeschloss gesichert, baumeln Arbeits- oder Freizeitkleider hoch unter der Decke der Waschkaue, umzogen von den Dampfschwaden der Nasskaue, wo der „innere Adam" kräftig geschrubbt werden musste.

Der Güte des von ihm hergestellten Stahls verdankte Alfred Krupp den Erfolg seines Gussstahlwerks. Qualität und Quantität dieses Produkts pflegte er jeweils bei den Weltausstellungen unter Beweis zu stellen. Früh begründete er auch ein umfangreiches Dokumentationswesen, im Rahmen dessen zahllose Fotografien als Werbung für die Produkte entstanden. Zentraler Vorgang war immer wieder der Guss des Siemens-Martin-Stahls, wie er im Foto oben zu sehen ist, das um 1910 aufgenommen wurde.

Früh übernahm Krupp das in England ab 1860 von Henry Bessemer entwickelte Verfahren zur Stahlerzeugung. In die in die Waagerechte gebrachte Bessemer-, später auch Thomasbirne (eine technische Abwandlung von Sidney Thomas) lässt man Roheisen einfließen. Dann wird sie aufgerichtet, und es folgt der Blasvorgang, bei dem Gebläseluft für die Entkohlung des flüssigen Roheisens sorgt. Bei Fotografen beliebt war stets der feuerwerksartige Sprüheffekt aus der Mündung der aufgerichteten Bessemerbirne. Foto von 1934.

Weniger spektakulär ist der Gussvorgang in der Epoche der Siemens-Martin-Werke. Was zuvor durch menschliche Muskelkraft in vielen kleinen von je zwei Arbeitern getragenen Tiegeln bewirkt wurde, geschieht nach 1900 dann kranbetrieben in größtem Umfang, wie hier 1959 in der Mülheimer Friedrich-Wilhelms-Hütte. Das von Friedrich und Wilhelm Siemens sowie von Pierre-Emile Martin entwickelte Verfahren war 1864 erstmals angewendet worden, es ermöglichte die Stahlerzeugung mit hohem Schrotteinsatz bei Temperaturen um 1600 Grad Celsius. Im Jahr 1915 betrug der Anteil des Siemens-Martin-Stahls 50 Prozent, um 1950 bereits 75 Prozent. Heute ist das Sauerstoffblasverfahren an seine Stelle getreten.

Dramatischer Augenblick ist immer wieder der „Abstich", das heißt das Öffnen des untersten Teiles des Hochofens, in dem sich das flüssige Eisen gesammelt hat. In den „Abstichhallen" wurde früher das rot glühende Roheisen unter starker Hitze- und Dampfentwicklung durch in Sand geformte Kanäle geleitet. Die Arbeit bei diesem Vorgang erforderte größte Aufmerksamkeit und war hochgefährlich. Die Aufnahme entstand um 1937 bei Krupp in Essen.

Das, was einst der Schmied auf seinem Amboss mittels des Schmiedehammers ausführte, wurde im Zuge der Industrialisierung nach Einführung der Dampfkraft den immer größer werdenden Dampfhämmern und schließlich den Schmiedepressen anvertraut. Gigantische Werkstücke konnten nun einem Form- und Veredelungsprozess unterzogen werden, wie im Bild links bei der 15 000-Tonnen-Schmiedepresse bei Krupp um 1929.

Der „Moment der Wahrheit" im Revier: Unzählige Hochofenabstiche färbten den nächtlichen Himmel rot, als die Eisen- und Stahlindustrie noch in voller Blüte stand. Heute ist dieses „Wetterleuchten" selten geworden an der Ruhr, aber noch immer ist es ein Moment aufmerksamster Arbeit, wenn der gegen die Hitze vermummte Mann dem Element des Feuers unmittelbar entgegentritt. Diese Gewalt offenen Feuers und die Unwägbarkeiten der Tiefe in den Steinkohlezechen unterscheiden die Arbeit in der Montanindustrie noch immer von vielen anderen Berufsfeldern.

Diese Anlage wird bleiben in Duisburg, der „Stadt Montan", wie sie sich stolz genannt hat, als die Schornsteine noch rauchten. Die Hochofengruppe in Meiderich wurde gerade noch rechtzeitig herausgenommen aus dem allgemeinen Hüttensterben im Revier und bildet heute den thematischen Kern des Landschaftsparks Duisburg-Nord. Nicht mehr lange, und es werden die einzigen Hochöfen- und Winderhitzer-Stahlungetüme sein, die von den Millionen Tonnen Eisen und Stahl künden, die das Revier produziert hat, seit das „Eisen auf die Kohle kam", vor mehr als 150 Jahren. Keine geschniegelte Museumslandschaft soll Meiderich werden, sondern der Ort, der historisch gewordene Arbeit mit jeder Verschleißspur aus 80 Jahren Hüttenbetrieb zeigt. Mit der nächtlichen Illumination der Hochofenanlage hat der Londoner Lichtdesigner Jonathan Park einen optischen Höhepunkt und ein weithin sichtbares Symbol für den Landschaftspark Duisburg-Nord geschaffen.

Untrennbar verbunden mit der Förderung von Steinkohle ist seit dem Beginn des 18. Jahrhunderts – der Zeit Abraham Darbys, des Pioniers der Eisenerzeugung im englischen Coalbrookdale – die Umwandlung von Kohle in Koks, wie er für die Erschmelzung von Roheisen benötigt wird. Dafür entstanden die zahlreichen Kokereien des Ruhrgebiets mit ihren zunächst sehr umweltschädigenden Arbeitsprozessen. In zu langen „Batterien" zusammengefügten Kammern wird die Fettkohle bei hoher Temperatur und Sauerstoffentzug „gebacken", um einen höherwertigen und reineren Brennstoff, vor allem zur Eisenerzeugung, zu gewinnen. Nebengewinnungsanlagen verwerten die vielen bei diesem Prozess frei werdenden Stoffe wie Teer oder Ammoniak. Die einst zu fast jeder Zeche gehörenden kleinen Anlagen – wie oben in der Dortmunder Zeche Westhausen in einer Aufnahme um 1920 – sind heute wenigen, sehr leistungsstarken Kokereien gewichen.

Die von der 1995 gegründeten Stiftung Industriedenkmalpflege und Geschichtskultur betreute Anlage der ehemaligen Zentralkokerei Hansa in Dortmund, die der Stiftung heute als Hauptsitz dient, ist ein hervorragender Ort, um sich mit der Kokereitechnik vertraut zu machen. Ein Besucherparcours führt mitten durch die gewaltige Koksfabrik vom Ende der 1920er Jahre. Die sorgfältig instand gesetzte Kompressorenhalle, in der fünf dampfgetriebene Kolbenkompressoren für den notwendigen Gasdruck in den Verbundleitungen sorgten, ist beeindruckender Bestandteil der Anlage.

DEMAG

Lange hatte er inmitten seiner Werke an der Altendorfer Straße in Essen gewohnt: Alfred Krupp, der eigentliche Konzerngründer des Montanimperiums. Als er sich aber zum Umzug entschloss, genügte dem unumschränkten Herrscher seines Unternehmens nur der selbst entworfene Herrensitz auf dem Bredeneyer Hügel. Während andere Industrielle in ehemaligen Adelssitzen Unterschlupf suchten, konzipierte sich der Patrizier Alfred Krupp seinen Wohnsitz, die 1873 bezogene „Villa Hügel", selbst und brachte damit mehr als einen der von ihm beschäftigten Architekten zur Verzweiflung, die dem Ganzen konventionellere Züge verleihen wollten.

Noch heute ist dieser Ort im Essener Stadtbild erhalten: der Eingang zu „Krupps Reich" am Berliner Platz auf einer kolorierten Postkarte um 1895. Die sogenannte Achte Mechanische Werkstatt (das hohe Gebäude hinten links, heute Colosseum Theater), die Werksbahnbrücke und das Press- und Schmiedewerk bilden eine Art Stadttor zur ehemaligen Gussstahlfabrik, die an Ausdehnung um 1900 die Stadt Essen bei Weitem übertraf. Heute neu genutzt, sind die drei Bauwerke nur noch ein schwacher Abglanz der fundamentalen Bedeutung, die das Industrieunternehmen einst für Essen besaß. An der Altendorfer Straße (links), an der noch 1976 das stattliche turmgekrönte Verwaltungsgebäude Krupps von 1912 abgerissen wurde, entsteht nun der neue Sitz des Montankonzerns Thyssen/Krupp.

Auch das gibt es kaum noch: den sich rot färbenden Nachthimmel über der Ruhr als weithin sichtbares Zeichen der Verhüttung von Eisenerz zu Roheisen und der Verwandlung von Roheisen in Stahl in der Bessemerbirne, im Siemens-Martin-Ofen oder im Konverter. Bescheiden hatte es Ende des 18. Jahrhunderts angefangen. An den Wasserläufen entstanden kleine Eisenhütten, die das örtliche Raseneisenerz verwendeten. Gruppen schlichter Fachwerkhäuser, wie die noch heute erhaltene St.-Antony-Hütte in Oberhausen-Osterfeld, eine der drei Kernzellen des späteren GHH-Konzerns, benannt nach der Gutehoffnungshütte im nahen Sterkrade. Verbunden mit diesen Hütten, zu denen noch eine dritte, die Hütte Neu-Essen gehörte, waren Namen, die später im Ruhrgebiet entscheidende Rollen spielen würden: Haniel, Jacobi, Krupp, Huyssen.

Aus welch bescheidenen Anfängen sich deren zukünftige Konzerne entwickelten, zeigt ein Blick auf die Geschäftskarte der Firma Krupp „Fabrique d'acier fondu", mit der Gusseisenfabrik, um 1840: einige im Winkel gebaute, eingeschossige Trakte, an denen nur die Schornsteine verraten, dass es sich um eine Produktionsstätte handelt. Noch kein Gedanke daran, dass um 1900 die Werksfläche der Gussstahlfabrik auf einem Stadtplan die gesamte Stadt Essen wie ein kleines Anhängsel wird erscheinen lassen. Mit der Ablösung der Holz- durch die Steinkohle beim Verhütten des Erzes wachsen die steinernen Hochöfen. Um 1870 beginnt bei deren Bau, ähnlich wie bei den Fördergerüsten, der Ersatz von Stein durch Eisen: Riesige senkrechte Eisenröhren, die Hochöfen, wachsen in die Höhe, bald umstellt von weiteren Eisenröhren, Winderhitzer, „Cowper" genannt, nachdem man gelernt hatte, die heißen Hochofengase nutzbringend zu verwerten.

Erhalten geblieben von diesem Wachstumsprozess der Hochofenwerke und Hütten im Revier sind Bauten nach 1900 – wie die riesig lange Gebläsemaschinenhalle der GHH in Oberhausen, nahe der „Neuen Mitte", die sich auf dem ehemaligen Werksgelände der Gutehoffnungshütte ausdehnt, die wie Krupp in Essen die Stadt Oberhausen zum städtebaulichen Zwerg gemacht hat. Man kann fast sagen,

Nirgends sonst als vom 117 Meter hohen Gasometer in Oberhausen aus kann man das Ruhrgebiet so gut auf den Begriff bringen. Alles, was diese Region seit über hundert Jahren charakterisiert, hat man hier zu Füßen: die Rauchfahnen der Kraftwerke, die Silhouetten der Hochöfen und Fördergerüste und vor allem, unmittelbar um den Gasbehälter herum, das dichte Gewirr der Verkehrsadern zu Wasser, Schiene und Land, ohne die das Revier nicht zu dem hätte werden können, was es lange war, Europas größter industrieller Ballungsraum. Das Innere des rund 350 000 Kubikmeter fassenden Gasbehälters bildet einen der faszinierendsten Ausstellungsräume der Welt. Viele Großausstellungen vermitteln dem Besucher einen Eindruck von den riesigen Dimensionen der einstigen Schwerindustrie.

Europas größter Gasometer, 1929 als Scheibengasometer errichtet, bietet in Oberhausen gleich neben der Einkaufspassage CentrO überwältigende Raumgefühle und beherbergt interessante Ausstellungen. Der von 1989 bis 1999 abgehaltenen Internationalen Bauausstellung Emscher Park hat es die Stadt Oberhausen, zu deren Markenzeichen der Gasbehälter geworden ist, zu verdanken, dass dieser großartige Raum erhalten bleiben konnte. Besucher sind immer wieder begeistert von dem Erlebnis großmaßstäblicher Symmetrie, die das Innere des über hundert Meter hohen Zylinders bietet, dessen Durchmesser 67 Meter beträgt. Die Lichteffekte an der kreisförmigen Decke werden durch die Belichtungsöffnungen im Dach hervorgerufen. Das Foto wurde von der Scheibe aus aufgenommen, die einst – von zusätzlichen Betongewichten beschwert – auf dem Gas schwamm, je nach vorhandener Gasmenge die Wände des Gasometers entlang auf- und abglitt und damit den Gasdruck konstant hielt. Heute ist sie auf einer Höhe von viereinhalb Meter fixiert und dient als Ausstellungsfläche.

dass erst die GHH und dann die Stadt Oberhausen da war.

In Duisburg-Meiderich erstreckt sich die Gebläsehalle des Hüttenwerks eines anderen Ruhrmagnaten: 1902 hatte August Thyssen hier ein Hüttenwerk als Teil seines „vertikalen Konzerns" aus Zechen und Hütten begründet. Drei der 1985 stillgelegten Hochöfen mit allen dazugehörenden Anlagen sind in der Regie der Landesentwicklungsgesellschaft NRW als Projekt der Internationalen Bauausstellung Emscher Park zu einer der größten industriehistorischen Schauanlagen Europas gemacht worden.

Ein später Spross am Stamm der Hüttenarchitektur ist das 1922 bis 1925 von Peter Behrens, Werkbundmitglied und Erfinder des architektonischen „corporate image", gebaute Lagerhaus der GHH an der Essener Straße in Oberhausen. Wie beim Zentralschacht Zollverein XII bringt hier ein Architekt die Baugestalt der Schwerindustrie mit einem Meisterwerk über die Schwelle zur Moderne. Besseres wird es in der Industriearchitektur des Ruhrgebiets nicht mehr geben. Das Behrens'sche Lagerhaus ist heute Teil einer faszinierenden neuen Stadtlandschaft, in der die Bauten der alten Industrie die Dominanten setzen: Der über hundert Meter hohe Gasometer, das durch einen Zubau von Herzog & de Meuron ergänzte Werkskasino, die Gebläsehalle und das heute vom Industriemuseum des Landschaftsverbands Rheinland (LVR-Industriemuseum, früher Rheinisches Industriemusem) genutzte Lagerhaus samt Werkswasserturm der GHH umragen die „Neue Mitte" als Klammer zwischen Alt und Neu und halten die Erinnerung wach an das neben der Kohle wichtigste andere „Standbein" der Ruhrindustrie: die Eisen- und Stahlerzeugung.

Nicht weit von den Werkbauten der GHH finden wir einen anderen Baube-

Einer der namhaften Architekten, die mit Bauten im Ruhrgebiet für die herausragende Stellung des deutschen Industriebaus zwischen 1900 und 1930 wirkten, war Peter Behrens (1868–1940). Lehrer an der Düsseldorfer Kunstgewerbeschule von 1903 bis 1908, wurde er 1907 für die AEG (Allgemeine Elektricitäts-Gesellschaft) in Berlin ein „Chefdesigner". Das Ruhrgebiet verdankt ihm das großartige Hauptlagerhaus der Gutehoffnungshütte in Oberhausen, ein Markstein der Moderne in Deutschland.

Zentralschachtanlage XII der Zeche Zollverein in Essen-Katernberg. Die von den Architekten Fritz Schupp und Martin Kremmer 1928–32 geprägte Erscheinungsform hat den Zentralschacht zur „schönsten Zeche der Welt" gemacht, was ihr samt ihren technischen Elementen 2001 den Ruhm einer Welterbestätte der UNESCO einbrachte.

stand, der für die Unternehmer der Schwerindustrie ebenso wichtig war wie die Produktionsarchitekturen: Die Werkssiedlungen, auch „Kolonien" genannt, wurden ab etwa 1840 zum unverzichtbaren Element der Beschäftigungspolitik der Ruhrindustrie. Gute Facharbeiter brauchte man und Stetigkeit bei der Beschäftigung. Nur so war die gleichbleibende Qualität der Erzeugnisse zu garantieren. Vor allem während der großen Anwerbungswellen ruhrgebietsfremder Arbeiter aus dem Osten, bedingt durch konjunkturelle Wachstumsschübe der Unternehmen, war es wichtig, die ohne Weiteres wechselbereiten Werktätigen an den jeweiligen Betrieb zu binden. Was wäre ein besseres Argument gewesen als eine preisgünstige, solide gebaute Wohnung mit angrenzendem Garten, in dem sich die aus Agrarregionen kommenden Ruhrgebietsneulinge ein willkommenes Zubrot erwirtschaften konnten? Neben der Bindung ans Werk war auch die Möglichkeit der Kontrolle in den zusammenhängend gebauten Werkssiedlungen nicht unwillkommen.

Dass auch die leitenden Angestellten, damals „Beamte" genannt, berücksichtigt wurden, kann man im Schatten des GHH-Gasometers in Oberhausen gut beobachten. Neben der 1844 begonnenen Arbeitersiedlung Eisenheim in Oberhausen-Osterfeld gibt es nämlich die vornehm „Am Grafenbusch" genannte Villenkolonie für die „Leitenden", die bei Betriebsstörungen durch einen Tunnel in wenigen Minuten im Werk waren. Wäre der Gasometer nicht, könnte man heute diese Tatsache kaum glauben. Zwischen Schloss Oberhausen und dem „Kaiserpark" entwarf ihnen der Architekt Bruno Möhring im Werksauftrag baumumstandene Villen mit Vorfahrt und Dienstboteneingang. Hier – und nicht in den Arbeitersiedlungen – gibt es auch Gartenzäune und Mauern. Für Direktoren diente der Garten nicht dem Anbau von Kartoffeln und Gemüse.

Mehr als tausend Werkskolonien umfasste das Revier. Manche erreichten beträchtliche Ausmaße. Ende der 1960er Jahre gerieten viele von ihnen in Gefahr:

Kinder in der Hohlmannstraße in einer Bergarbeitersiedlung des Essener Stadtteils Altenessen. So wie hier sah es in den meisten Arbeitersiedlungen des Reviers bis nach 1900 aus: monoton aneinandergereihte, immer gleiche Häuser mit Stall und Abort hinterm Haus, kleine Nutzgärten zur Aufbesserung der Versorgungslage.

Nicht nur für die Arbeitsstätten mussten die Berg- und Hüttenunternehmer im Ruhrgebiet sorgen: Für die Arbeitskräfte brauchte man auch Behausungen, die oft in Form von „Kolonien" entstanden. Eine der städtebaulich ausgefeiltesten und architektonisch qualitätvollsten ist die von Margarethe Krupp 1906 gestiftete Margarethenhöhe (links). Der Architekt Georg Metzendorf suchte den Eindruck einer organisch gewachsenen Kleinstadt zu erwecken.

Man wollte nach dem Totalabriss gewinnträchtige Wohnhochhäuser entstehen lassen. Widerstand regte sich bei den Betroffenen, denen die Vorzüge des abgeschirmten Lebens zwischen Gartenflächen bewusst wurden. Die Politiker nahmen diesen Protest auf, und viele der Siedlungen leben gegenwärtig, mehr oder weniger maßvoll saniert, weiter, wenn auch ihre Bewohnerschaft heute am Morgen anderen Arbeitsplätzen entgegenstrebt als denen in Schacht und Hütte. Besonders beeindruckende Beispiele sind etwa die Gartenstadt-Siedlungen Welheim in Bottrop, Teutoburgia in Herne, Hüttenheim in Duisburg oder Beisenkamp in Datteln. Krönender Abschluss der in Unternehmensregie errichteten Siedlungen ist die auf einer Stiftung Margarethe Krupps von 1906 beruhende Anlage der Margarethenhöhe in Essen, wo es dem Architekten Georg Metzendorf gelang, einen quasi „naturwüchsigen" Stadtzusammenhang zu schaffen, der beträchtlichen Wohnkomfort mit städtebaulicher Qualität zu vereinigen wusste. Nach dem Ersten Weltkrieg, in den Jahren der Weimarer Republik, übernahmen es häufig die Kommunen, für eine Vielzahl von Menschen preisgünstig und qualitätvoll gestaltete Unterkünfte zu schaffen – keine leichte Aufgabe unter dem Druck schwieriger wirtschaftlicher Verhältnisse. Ratingsee, Dickelsbach und Einschornsteinsiedlung in Duisburg sind hierfür hervorragende Beispiele.

Seit Anbeginn der voll entwickelten Montanindustrie spielte vor allem Bewegung eine Rolle: Schnell war das bisschen Raseneisenerz in der Nähe erschöpft, und da man „auf der Kohle" saß, mussten vor allem das Rohmaterial Erz, aber auch die sogenannten Zuschlagstoffe wie Kalk in großen Mengen herbeigeschafft werden. Bald überstieg auch die Kohleproduktion den eigenen Verbrauch, und so musste das „schwarze Gold" zu immer weiter entfernten Verbrauchern transportiert werden. Auch die Energie geriet in Bewegung: Von Werk zu Werk wanden sich um die Jahrhundertwende immer mehr Leitungen für Dampf, Gas und Wasser quer durch Landschaft, Wohnviertel und Verkehrsverbindungen. Die Eisenbahn war daher seit den späten 1840er Jahren lebenswichtig für Zechen und Hütten. Ihre Trassen, Dämme und Brücken machten

Ein technikgeschichtlich bedeutsamer Ort ist das Eisenbahn-Museum Bochum-Dahlhausen mit seinem an Wochenenden stets umlagerten 14-ständigen Rundschuppen.

Der direkt vor den Toren der Stadt gelegene Duisburger Innenhafen als Teil des gigantischen Gesamtsystems der Duisburg-Ruhrorter Häfen diente als „Brotkorb des Ruhrgebiets" vor allem der Lagerung und Verarbeitung von Getreide. Die Erhaltung aller drei Großmühlen- und Silokomplexe gelang im Rahmen der Internationalen Bauausstellung Emscher Park. Heute sind hier Museen, Büros, Gastronomie und Wohnungen angesiedelt.

Eisenwerk am Rhein bei Duisburg, um 1935 (links). Als Duisburg noch die „Stadt Montan" war, stellte der Hafen die unverzichtbare Voraussetzung für die Kohle- und Stahlindustrie dar: Auf dem Wasserweg wurde Kohle ex- und Erze importiert. Auch die teils großvolumigen Erzeugnisse des Reviers reisten von hier zu den Abnehmern.

das Ruhrgebiet zu einer Verkehrslandschaft sondergleichen, in der neben Schiffskanälen bald auch Motorstraßen und Autobahnen entstanden. Sobald man sich im platten Ruhrrevier in einiger Höhe befindet – gleich, ob auf der Hüttenhalde im Hochofenwerk Meiderich oder, noch besser, über hundert Meter hoch auf dem Oberhausener Gasometer: Kreuz und quer sieht man aus solcher Perspektive die Verkehrsadern laufen – Kanal, Schiene und Straße knüpfen ein Netz so dicht wie kaum woanders in Deutschland oder Europa.

Ruhrort war der erste Kohlehafen an der Mündung der Ruhr in den Rhein. Der Ruhrorter Werfthafen ist ein Rest aus den Anfängen dieses Systems, das sich mit Duisburg zusammen zum größten Binnenhafen der Welt entwickeln sollte. Die Millionen Bewohner des Ruhrgebiets wollten aber auch ernährt werden: Am Duisburger Innenhafen reiht sich Großmühle an Großmühle, wo mit über den Rhein importiertem Getreide das Brotmehl für das Revier erzeugt wurde. Im Osten des Ruhrgebiets, weit entfernt vom Rhein, wollte man die eigene direkte Trasse zum Seeverkehr: 1899 ging der Dortmund-Ems-Kanal in Betrieb, an seinem Dortmunder Ende das prächtige wilhelminische Alte Hafenamt, von Kaiser Wilhelm II. feierlich eingeweiht. Eine Verkehrssensation war auch das – ebenfalls vom Kaiser eröffnete – Schiffshebewerk Henrichenburg, am Ende des Dortmunder Stichkanals an der Einmündung zum eigentlichen Dortmund-Ems-Kanal gelegen. ´4 Meter auf und ab stiegen die Erz- und Kohlenschiffe in einer riesigen Badewanne zwischen vier mächtigen Pfeilern. Nicht weniger als vier Schleusen und Lifte machen Henrichenburg in Waltrop zu einem Museum der Kanaltechnik, das noch immer den gleichen Zwecken dient wie 1899.

Auf dem Eisenbahnnetz der Zechen- und Hüttenwerke machen sich heute zum Teil die „Eisenbahnfreaks" breit. Regelmäßig kann man seit einigen Jahren durch die „Hinterhöfe" der Industrie fahren und ganz neue Perspektiven auf ein Ruhrgebiet gewinnen, das von Autobahnen und Bahntrasse aus so kaum noch wahrnehmbar ist.

Überall im Ruhrgebiet regt sich ein neues Leben im „nachmontanen" Zeitalter. Von Strukturplänen gefördert, entstehen Gründerzentren und Forschungs-

Keine Schwerindustrie kommt ohne die entsprechenden Verkehrsstrukturen für den Massengütertransport aus. Eine der rentabelsten Fortbewegungsmöglichkeiten für Kohle, Erz und Stahl ist der Wasserweg, und so entstand in Waltrop über 90 Jahre hinweg eine der imposantesten Schleusen- und Hebewerkskonzentrationen des europäischen Kanalnetzes. Besonders prächtig ist das 1899 von Kaiser Wilhelm II. eingeweihte 14-Meter-Hebewerk Henrichenburg, um das sich heute die Sammlung historischer Schiffe des vom Landschaftsverband Westfalen-Lippe getragenen Industriemuseums schart. Eine Schachtschleuse ergänzte das Hebewerk 1917, ein zweites Hebewerk entstand 1962. Den Abschluss bildet eine Schleuse aus dem Jahr 1989.

Wenn auch die Feuer in Hütte und Zeche erloschen sind, rührt sich doch allenthalben neues Leben in den aufgegebenen Industriegebieten. So wurde der Verwaltungs- und Waschkauenkomplex der lediglich von 1912 bis 1914 betriebenen Zeche Maximilian in Hamm-Werries anlässlich der Landesgartenschau von 1984 wiederverwendet. Dabei verwandelte sich die nüchterne Beton-Kohlenwäsche von 1914 in den „größten Elefanten der Welt". Die begehbare Großplastik begrünte der Wiener Künstler Friedensreich Hundertwasser.

institute in enger Verzahnung mit den seit den 1960er Jahren zum ersten Mal in dieser Region angesiedelten Universitäten wie Bochum, Duisburg-Essen oder Dortmund. Die von 1989 bis 1999 abgehaltene Internationale Bauausstellung Emscher Park hat Zeichen gesetzt und gibt Anstöße. Wohin das alles führen wird, was sich an Neuem herausbilden wird, nachdem das Alte – die Monostruktur von Kohle und Eisen – weitgehend verschwunden ist, wird sich zeigen. Die südliche, frühe Zone des Bergbaus ist auf diesem Weg schon weiter, als das weiter nördlich an der Emscher der Fall ist. Eines aber ist deutlicher als zuvor: Industriedenkmale – diese oftmals riesigen und beherrschenden Zeugen der ureigenen Geschichte des Ruhrgebiets – sind Teil der Identität dieser Region. Es gibt andere Wirtschaftszonen in der Bundesrepublik, in denen man alte Industrien abstößt und zu neuen Ufern aufbricht. Wollen wir verhindern, dass in wenigen Jahren das Land zwischen Duisburg und Dortmund aussieht wie beispielsweise das zwischen Frankfurt und Ludwigshafen oder der Großraum Stuttgart, müssen wir festhalten am Eigenen, am Typischen. Gerade wenn noch nicht so klar sein kann, wohin es geht, muss umso deutlicher bleiben, woher man kommt, was man geleistet hat, woher Fähigkeiten und Möglichkeiten kommen. Was wäre besser geeignet dafür als Malakowtürme, Fördergerüste, das Gewebe der Werkssiedlungen, die den hier Ansässigen zeigen, dass sie sich hier und nirgendwo anders entfaltet haben und leben. Um den Besuchern deutlich zu machen, auf welchen Füßen diese Region steht, taugen die stattlichen Bauten der Arbeit mindestens so gut wie der romanische Dom und das barocke Wasserschloss.

Als gestalterischen Gag für das Projekt „Lüntec" der Internationalen Bauausstellung Emscher Park platzierte der Designer Luigi Colani eine „fliegende Untertasse" auf das weiß gestrichene Fördergerüst der ehemaligen Zeche Minister Achenbach in Lünen. Wo sich einst die Seilscheiben drehten, sitzt heute in 37 Meter Höhe ein 100 Tonnen schwerer, aus 18 Ober- und Unterschalen auf Stahlgerüst gebildeter Bürocontainer mit 300 Quadratmeter Nutzfläche. Über einen Personenaufzug im ehemaligen Fördergerüst gelangt man auf das Maschinendeck unterhalb der Büroebene.

Zu Recht preisgekrönt wude das 1995 eingeweihte, lang gestreckte Gebäude des Wissenschaftsparks Gelsenkirchen, entworfen vom Münchener Architekten Uwe Kiessler. Eine großzügige Wandelhalle mit Glasfront am künstlichen See auf dem ehemaligen Stahlwerksgelände Thyssen erschließt einen kammförmigen Bautrakt, dessen Dach ein Solarkraftwerk beherbergt, das mit seinem Konzept alternativer Energie auch das Thema vieler hier angesiedelter Firmen darstellt. Der gesamte untere Teil der schräg gestellten Glasfront kann hochgefahren werden und ermöglicht dann den freien Blick auf ein anderes Projekt der Internationalen Bauausstellung Emscher Park, das zum Arbeitsgericht umgenutzte Verwaltungsgebäude des ehemaligen Gussstahlwerks in Gelsenkirchen-Leithe.

„Gebt den Dingen Zeit! Lasst sie stehen“

Roland Günter

Seit rund 200 Jahren leben wir im Industriezeitalter. Industriebauten unter Denkmalschutz zu stellen scheint heute eine Selbstverständlichkeit zu sein. Tatsächlich aber ist dieses Thema in England, dem Mutterland der Industrialisierung, erst seit 1950 aktuell. Und in der Bundesrepublik begann die Diskussion noch eine Generation später, sie wird seit Ende der 1960er Jahre geführt. Sie ist also kaum zwei Generationen alt. Und bis heute dramatisch.

Die Rettung der Industriebauten liest sich wie ein Kriminalroman. Das Ruhrgebiet begann damit. Und es ist immer noch führend.

Die Sache hat mehrere Namen: Industriearchäologie, technische Kulturdenkmale, historische Industriebauten. Es geht um das Erhalten von greifbaren Spuren der Industriegeschichte.

Die Spuren aber haben es in sich. Sie sind Chiffren – oft nicht einfach zu entschlüsseln. Sie benötigen Kontext. Dafür ist es nötig, Erkenntnismethoden zu entwickeln. So kommt zur Geschichte der Erhaltung von Bauten auch die Geschichte ihrer Planung und Entwicklung. Jedes erhaltene Baudenkmal ist eine Aufforderung, ganzheitlich zu denken.

Als Anfang der 1950er Jahre in England das entstand, was wir heute Industriearchäologie nennen, gingen Gruppen von Enthusiasten in die Ruinen von Fabriken und ließen sich wie klassische Archäologen auf ein Abenteuer ein: Sie gruben aus. Denn in England blieb Aufgegebenes oft sich selbst überlassen.

In Deutschland waren die Verhältnisse anders. Was nicht unmittelbar genutzt werden konnte, wurde abgerissen. Die Behauptung, Fortschritt werde verhindert, genügte. Tatsächlich hinterließen die meisten Abreißer Brachen. Nur Bauten, in denen noch produziert wurde, konnten rechtzeitig gerettet werden.

Um 1970 entsteht ein Interesse an der Industriegeschichte, das sich nicht mehr mit alten Abbildungen und Fotografien zufrieden gibt, sondern handfeste Substanz erhalten möchte: Stein, Eisen, Glas, Wand, Konstruktion, Gerät. Die Rettung von Gebäuden und technischen Anlagen geschieht in teilweise dramatischen Aktionen.

Und viele Bauten werden später wieder genutzt: als gesellschaftliche Treffpunkte, als Museen und als Zentren kreativer Arbeit. Disziplinenübergreifendes erweitert den Horizont und schafft Innovationen. Die ersten Nachrichten aus England dringen erst über den Kanal, als 1971 nach Ironbridge eingeladen wird auf das spannende Terrain der ersten englischen Industrie, nördlich von Birmingham. Hier findet die „Erste internationale Konferenz für die Erhaltung industrieller Denkmäler“ statt.

Noch bis 1970 reduziert der Denkmalschutz in Deutschland die vorindustrielle Technologie auf Wind- und Wassermühlen. Aus der frühen Industrieepoche werden einige Bauten erhalten, die eher für die Kultur des alten Handwerks stehen. Aus der frühen Phase des Bergbaus im Tal der Ruhr blieben einige steinerne Zechentürme eher durch Zufall stehen. Die Wende wird 1969 durch einen Paukenschlag eingeleitet. An einer Halle der frühen Moderne entzündet sich eine symbolgeladene Auseinandersetzung. An diesem Punkt treffen sich zwei Bewusstseinsebenen: avantgardistisch geprägtes und historisches Denken.

Am westlichen Stadtrand von Dortmund finden wir eine der größten und faszinierendsten Zechenanlagen: Zollern II/IV. Ihre Maschinenhalle entstand 1902/03 in einer Zusammenarbeit zwischen Bruno Möhring, Architekt in Berlin, und Professor Reinhold Krohn, technischer Direktor der Brückenbau-Anstalt der Gutehoffnungshütte (GHH) in Oberhausen. Die Halle dient einer der ersten elektrischen Fördermaschinen der Welt als Standort.

Die Maschinen werden 1966 stillgelegt. Die Zeche soll abgerissen werden – wie üblich in aller Stille. Aber das Vorhaben dringt nach außen. Hans P. Koellmann, Architekt und Direktor der Werkkunsthalle Dortmund, bittet 1966 die Stadtverwaltung und die Zechen-Gesellschaft „um Schutz und Aufmerksamkeit für diesen großartigen Industriebau aus den ersten Jahren unseres Jahrhunderts“ (Ulrich Conrads). Zunächst hat die Bitte keinen Erfolg. Drei Jahre gehen ins Land.

Ohne denkmalpflegerische Absicht fotografieren seit Mitte der 1960er Jahre Bernhard und Hilla Becher Zechen, Hochöfen und Wassertürme. 1969 spricht das Fotografenehepaar im Krefelder Museum bei einem Vortrag auch über Zollern II/IV: begeistert und traurig. Der anwesende Direktor der Kunsthalle Düsseldorf, Karl Ruhrberg, sagt es seinem Assistenten Jürgen Harten weiter. Dieser sammelt Informationen, knüpft Kontakte, erzählt es dem Architekten Wolfgang Döring, den Künstlern Günther Uecker und Gotthard Graubner.

Harten und seine Mitstreiter veröffentlichen am 30. Oktober 1969 einen hektografierten Aufruf. Er ist zugleich, mit vielen Unterschriften, eine Petition an den nordrhein-westfälischen Ministerpräsidenten Heinz Kühn: „Wir erlauben uns, Sie auf den möglichen Verlust eines bedeutenden Industriebauwerks des Ruhrgebiets hinzuweisen und Ihnen die Bitte vorzutragen, dass Sie sich für dessen Erhaltung einsetzen möchten ... Es sollte im Sinne weitsichtiger Planung möglich sein, auf dem Gelände der Zeche Zollern II ein Stück der überlieferten Industrielandschaft zu erhalten.“

Doch die Galgenfrist für die Maschinenhalle scheint kurz bemessen. Ihre Eigentümerin, die Gelsenberg AG, fordert dafür umgerechnet 350 000 bis 400 000 Euro. Und sie setzt einen knappen Termin: sechs oder acht Wochen, dann wird „wohl oder übel" abgerissen. Absurd: Die Trümmer will sie zum Schrottpreis verkaufen.

Zur gleichen Zeit steht in Duisburg-Ruhrort der Hebeturm vor dem Abriss. Der Autor, damals im Denkmalamt, versucht, die Erhaltung durchzusetzen – ohne Erfolg.

Der Schutz-Gedanke wird zuerst im Amt des Landeskonservators in Bonn aufgegriffen. Das Ergebnis der von dort ausgehenden Forschungen, die der Autor seit 1967 durchführte, sind Inventarwerke, die Ruhrgebietsorte als Industriestädte zeigen. Industriearchitektur steht hier gleichberechtigt neben Burgen, Schlössern und Kirchen.

Aber noch 1969 lässt die Gutehoffnungshütte eine noble Darstellung ihrer Frühgeschichte drucken und im selben Jahr diese Frühgeschichte plattmachen: drei Produktionsgebäude der St.-Antony-Hütte, die sogar zu Wohnhäusern umgebaut waren. Zwei Jahre kämpft der Autor gegen den Abriss des klassizistischen Baus der Zinkhütte in Mülheim an der Ruhr – vergeblich. Damals schrieb er: „Es scheint leichter, ägyptische Tempel zu retten als die letzten Reste von zweihundert Jahren technisch-industrieller Kultur im eigenen Land."

Viele haben versagt: Eigentümer und Behörden, vor allem aber Wissenschaftler. Statt Bewusstsein für die eigene Kultur zu entwickeln, flüchteten sie in die Idylle – die Kunsthistoriker an den Universitäten nicht weniger als die Heimatforscher ...

Die raschen Veränderungen der 1970er Jahre bringen die Gefahr mit sich, dass hier die letzten Spuren einer Pionierzeit der Menschheit ausgelöscht werden. Dass das Ruhrgebiet in den Ruch einer Kahlschlaglandschaft gerät, verdankt es den Leuten, die immer noch nicht begreifen, dass Kulturlandschaften dadurch entstanden sind, dass man gelegentlich auch einiges Gute erhält und nicht einer hemmungslosen Kapitalverwertung opfert ... Wird das 19. Jahrhundert, die Wiege unserer technischen Kultur, ein „dunkles, kaum bekanntes Zeitalter"?

Diese wenigen Sätze umreißen die schwache Position des Denkmalschutzes, der bis 1980 bei Privateigentum keine Handhabe für einen wirksamen Schutz besitzt, sondern nur an den Eigentümer appellieren oder ihn mit Geld ködern kann.

Als Hartwig Suhrbier in der Frankfurter Rundschau für den Erhalt der Maschinenhalle plädiert, private Diskussionen anstößt und Material sammelt, fädelt er eine folgenreiche Entwicklung ein: Der Fall wird auf die politische Ebene getragen.

Bald übernimmt der Vorsitzende des Kulturausschusses im Landtag, der Abgeordnete Hans-Joachim Bargmann (SPD), Oberstudiendirektor aus Wattenscheid, die Aktion. Er geht an die Presse, 14 Tage später schließt sich Kultusminister Fritz Holthoff an: Er fordert „eine Initiative zur Erhaltung technischer Kulturdenkmäler ... Die staatliche Denkmalpflege hat bei ihren Maßnahmen auch technische Kulturdenkmäler erfasst." Der Minister nennt eine Reihe von Beispielen, bei denen Arbeiten „dringend erforderlich sind".

So werden noch in die gerade laufenden Haushaltsberatungen für den Landesetat 1970 umgerechnet eine Million Euro Sondermittel für die Maschinenhalle in Dortmund-Bövinghausen eingebracht. Es ist die erste Summe, die für die Erhaltung eines Industriedenkmals in Deutschland bereitgestellt wird. Und auch die erste auf dem Kontinent. Zugleich werden die Denkmalämter in Münster und Bonn angewiesen, eine erste Liste von Industriedenkmalen zusammenzustellen. Die Maschinenhalle wird gerettet. Jeder lernt später ihr Bild auf einer Briefmarke kennen.

Die gelungene Rettung der Maschinenhalle bewirkt etwas Einzigartiges: Aus dem Fall Zollern II/IV wird ein landespolitisches Programm, verfasst vom Kulturpolitiker Hans-Joachim Bargmann.

Atemberaubend: Nie zuvor und nie danach hat es eine so rasche Umsetzung einer Sachfrage in eine weitreichende politische Aktion gegeben. Ein einzigartiger Glücksfall.

So geht in das 1970 verabschiedete „Nordrhein-Westfalen-Programm 1975" der Landesregierung die Absichtserklärung ein, wertvolle Bauwerke, die für die technische und wirtschaftliche Entwicklung des Landes charakteristisch sind, zu erhalten. Dazu gehören unter anderem Fördertürme, Maschinenhallen, Schleusen und Schachtgebäude.

Nach heftigen Protesten mit schwarzen Fahnen gegen den Untergang der Zeche Concordia in Oberhausen wird das Tor 1967 geschlossen.

Wie hier in Essen, wo man bereits 1928 die 1887 „konsolidierte", das heißt zusammengeschlossene Zeche Johann-Deimelsberg wieder abriss, verschwanden die Bergbauanlagen des Ruhrgebiets am ehesten da, wo sie auch am frühesten entstanden waren: am Südrand des Reviers.

Das 60 Meter hohe Gebäude des Stahlwerks Henrichshütte, ein Wahrzeichen der Stadt Hattingen, wurde am 23. Januar 2005 gesprengt.

Dieser Bau von Bruno Möhring und Reinhold Krohn steht am Anfang nordrhein-westfälischer Industriedenkmalpflege: Die kompromisslos moderne Stahlkonstruktion der Maschinenhalle von 1902 auf der Schachtanlage Zollern II/IV in Dortmund-Bövinghausen erregte 1969 die Aufmerksamkeit von Künstlern, Journalisten und Professoren. Der drohende Abbruch konnte verhindert werden und erweckte bei Politikern und Denkmalpflegern so viel Interesse, dass die Landesregierung die Erhaltung von Industriedenkmalen in ihr Fünfjahresprogramm von 1970 aufnahm.

Auch das Innere der zentralen Maschinenhalle von Zollern II/IV in Dortmund-Bövinghausen verrät den Duchbruch zur Moderne. Statt gotischer Türmchen zieren seit 1902 Ornamente des Jugendstils die Schaltwand in der Halle. Wichtiger als die ebenso von Bruno Möhring gestalteten Einzelheiten am Bau der Gutehoffnungshütte in Oberhausen war hier die Tatsache, dass man, ganz im Gegensatz zu den früher vollendeten Bauten auf Zollern II/IV, den Mut hatte, die Stahl-Glas-Konstruktion ehrlich zu zeigen und nicht mehr hinter Stilfassaden verschwinden zu lassen.

Der damalige Landesminister für Wissenschaft und Forschung Johannes Rau vor dem 2. Internationalen Kongress zur Erhaltung technischer Denkmale 1975 im Deutschen Bergbau-Museum Bochum: „Die Zeugnisse der Sozialgeschichte und der Technikgeschichte sind heute ebenso wichtig wie die Zeugnisse der Kunstgeschichte, nur wissen das noch nicht alle." Es sind „Seiten aus der Autobiografie des Menschen". Außenseiter setzen eine Reform in Bewegung. Dann wird der Denkmalschutz für Industriebauten ein nordrhein-westfälisches Markenzeichen.

Der Reformansatz findet bundesweite Beachtung und führt zu neuen Weichenstellungen: Was ein Baudenkmal ist, wird nicht mehr allein die Kunstgeschichte unter ästhetischen Kriterien feststellen. Vielmehr soll nun die historische Dimension entscheiden. Dies bedeutet eine Öffnung des Denkmalschutzes zu Volkskunde, Sozialgeschichte, Wirtschafts- und Kulturgeschichte.

Als erstes Bundesland richtet Nordrhein-Westfalen 1973 eigene Referate für Technische Kulturdenkmalpflege in den Landesdenkmalämtern in Münster und Bonn ein. Dafür wird in Bonn der Historiker Axel Föhl engagiert, in Münster holt der verdienstvolle Denkmalpfleger Eberhard G. Neumann den Architekten Helmut Bönninghausen. „Es war ein hochinteressantes Neuland", sagt Helmut Bönninghausen, der, oft in Zusammenarbeit mit Bürgerinitiativen, eine große Anzahl von Bauten der Industrie sowie Arbeitersiedlungen unter Schutz stellt.

Es gibt viele Kompromisse, die niemanden glücklich machen, aber besser als Zerstörung sind. 1973 wird durch Intervention der Landesregierung das Doppelstrebengerüst der Zeche Germania in Dortmund-Marten (1944 von Fritz Schupp) aus der Abrissplanung der Anlage herausgenommen, zum Deutschen Bergbau-Museum Bochum transportiert und dort wieder aufgebaut.

Bürgerinitiativen beleuchten seit 1968 den Gedanken des Denkmalschutzes von ganz neuen Seiten. „Denkmalpflege konnte nicht mehr bloß Hege von Baukunstwerken" sein, sondern musste sich als „Erhaltung besonders kostbarer Teile des gefährdeten Biotops der Menschheit" begreifen. Kurz: Denkmalpflege wurde zunehmend als ein „Gegenmittel zur Stadtzerstörung" verstanden, als Teil „jener Strategien, die den Prozess der Selbstzerstörung der Industriegesellschaft aufhalten sollen" (Hartwig Suhrbier). Der Stadtplaner Martin Einsele fordert 1975, ein neues Planungsdenken zu entwickeln.

In der Demokratie haben alle Bevölkerungsschichten das Recht auf Erinnerung. Gebäude, Räume und Plätze, an denen gearbeitet wurde, atmen Geschichte. In Nordrhein-Westfalen gehen die Diskussionen um die Ausweitung des Denkmalbegriffes in Schulen, Erwachsenenbildungsstätten und Hochschulen ein. Sie reformieren viele Fächer: die Geografie, die nun zur Sozial- und Kulturgeografie entwickelt wird; Geschichte, die Sozialgeschichte wird; Kunsterziehung, die auf die sinnlichen Erfahrungen und Prozesse ästhetischer Aktivität in den Kulturdenkmalen achtet.

Aber glatt geht nichts. Der Denkmalpfleger Helmut Bönninghausen macht „immer wieder die gleiche Erfahrung: Ein barockes Kapellchen, das braucht man bloß anzurühren, und alles schreit Aua. Ein Förderturm hingegen gilt als profaner Mist, der kann weg."

Auf der anderen Seite gibt es fulminante Plädoyers. Dietrich Springorum, unorthodoxer und fantasievoller Leiter der Öffentlichkeitsarbeit beim Siedlungsverband Ruhrkohlenbezirk, formuliert 1973 Kritik und Vision: „Sozio-ökonomische Strukturen sichtbar zu machen – daran scheint niemand interessiert. Genau das aber wäre von großer Bedeutung und könnte der Region neue, vielleicht auch touristisch verwertbare Anziehungskraft geben." Er fordert einen „Gesamtlandschaftsplan", der in Abwandlung die belächelte Idee vom „Gesamtkunstwerk Ruhr" aufgreifen müsste.

In Witten regen sich heimatverbundene Bürger. Mit ihrer Hilfe gelingt es dem Landeskonservator Westfalen-Lippe, die Stätten des Bergbaus im Muttental zu erhalten und, betreut vom Deutschen Bergbau-Museum Bochum, einen bergbaugeschichtlichen Lehrpfad anzulegen.

„Es gab Objekte", sagt Helmut Bönninghausen, „die der Denkmalpfleger mit seinen Mitteln nicht packen konnte. Dazu gehörte die Nutzung einer Zechenanlage." So fädelt er die Gründung eines Industriemuseums ein.

Auch das Besondere dieses Museums ist seine Idee. „Da gab es die Zeche Hannover. Die Zeche Nachtigall. Das Schiffshebewerk Henrichenburg. Und natürlich Zollern II/IV. Um nur den Kern zu nennen. Für all diese Objekte gibt es keinerlei wirtschaftliche Nutzung. Selbst wenn ich für diese Denkmale Millionen hätte, ständen sie schweigend da und erklärten nichts. Nichts erklärt sich von selbst. Also brauche ich eine Institution, die die Denkmale erst mal auf Dauer trägt und unterhält. Die Kommunen können das nicht. Und vor allem brauche ich eine Institution, die diese Denkmale zum Sprechen bringt und erklärt, was hier war. So ergab sich für diese hochkarätigen Objekte folgerichtig die Idee eines dezentralen Museums. Sie ist im Prinzip die konsequente Fortsetzung der Denkmalpflege."

So führt 1979 eine Mischung von neuer Denkmalkonzeption und Museumstheorie zur Gründung des dezentralen Westfälischen Industriemuseums (heute LWL-Industriemuseum des Landschaftsverbands Westfalen-Lippe) mit seinen acht Standorten in Dortmund-Bövinghausen (Zeche Zollern II/IV), Witten (Zeche Nachtigall, Muttentalstraße), Bochum-Hordel (Zeche Hannover I/II/IV), Hattingen (Henrichshütte) und vier Orten außerhalb der Region. 1984 folgt das ähnlich konzipierte

Die Zeche Nachtigall in der Muttentalstraße in Witten (oben) ist mit dem Schacht Herkules von 1839 eine der ältesten Tiefbauzechen im Ruhrtal. Die Kohleförderung wurde 1892 eingestellt, danach wurde auf dem Gelände eine Dampfziegelei mit Doppelringofenanlage betrieben. 1970 unter Denkmalschutz gestellt, ist die Zeche Nachtigall seit 2003 ein Standort des LWL-Industriemuseums des Landschaftsverbands Westfalen-Lippe. Links im Bild das Maschinenhaus, in dem man die älteste noch funktionstüchtige Fördermaschine des Reviers – von 1887 – besichtigen kann (siehe Seite 11), rechts der markante Kesselhauskamin und das ehemalige Betriebsgebäude, in dem sich heute Ausstellungsräume befinden.

Das Gebäude des Deutschen Bergbau-Museums Bochum (links) wurde ab 1935 nach Plänen von Fritz Schupp errichtet. Im Jahr 1973 erhielt es als krönendes Wahrzeichen dieses Fördergerüst von der Schachtanlage Germania in Dortmund-Marten, das ebenfalls von Fritz Schupp konstruiert und 1944 in Betrieb genommen wurde. Mittlerweile ist es zum Symbol der Stadt Bochum geworden. Besucher können von den Aussichtsplattformen in 50 Meter und in 62 Meter Höhe einen eindrucksvollen Blick über das „Herz des Reviers" genießen.

Repräsentanz zu neuen Zwecken: Die ganze Pracht des sorgfältig wieder instand gesetzten Verwaltungsgebäudes des ehemaligen Thyssen-Gussstahlwerks in Gelsenkirchen kommt heute der Rechts- und Sozialpflege zugute. Seit 1993 hat das Arbeitsgericht hier seinen Sitz, und Beschäftigte und Besucher erfreuen sich an den vielen liebevollen Gestaltungsdetails des 1918 fertiggestellten Gebäudes.

Nach der Stilllegung der Zeche Erin ist der jüngste Förderturm – 1953 in Betrieb genommen – das einzig verbliebene Originalbauwerk auf dem Gründungsstandort. Mit 68 Meter Höhe ist das Fördergerüst über Schacht VII nicht nur das Wahrzeichen des neu entstandenen Dienstleistungs- und Gewerbezentrums Erin-Park, sondern auch kennzeichnend für das Stadtbild Castrop-Rauxels. In Erinnerung an den Iren William Thomas Mulvany, der die Zeche Erin (das keltische Wort für Irland) 1867 in Betrieb nahm, wird das Parkgelände nach irischen Landschaftsbildern gestaltet.

In Herne-Börnig dienen das unter Denkmalschutz stehende Fördergerüst (1905) der ehemaligen Zeche Teutoburgia und ihre Maschinenhalle einmal nicht als Ansatzpunkt eines Gewerbe- und Dienstleistungsparks. Hier, im heutigen „Kunstwald“ Teutoburgia, lässt man bewusst einen Prozess gewähren, der anderswo „wild“ verläuft: die Rückkehr der Natur an zuvor von industrieller Arbeit beschlagnahmte Bereiche. Nahe der zugehörigen Siedlung entstehen rund um das Fördergerüst einzelne Kunstwerke, die helfen sollen, Bewusstsein zu wecken für die Veränderungsprozesse, die in Gang kommen, wenn der Hochofen ausgeblasen und der Schacht verfüllt ist.

Rheinische Industriemuseum (heute LVR-Industriemuseum des Landschaftsverbands Rheinland) mit Sitz in der Zinkfabrik Altenberg in Oberhausen. Weitere Standorte sind: Oberhausen (Volks-Museum Eisenheim), Essen-Kupferdreh (Deilbachtal), Duisburg-Homberg (Zeche Rheinpreußen) und fünf Orte außerhalb der Region.

Bönninghausen gelingt es, im Dortmunder Vorort Bövinghausen die sozialkulturelle Faszination von Industriedenkmalen mit Aktivitäten seiner Bewohner zu verbinden: Stadtteilfest (seit 1977), Ausstellungen (1985: „Ein Stadtteil entdeckt sich selbst"), Förderverein, Wandmalereien, Geschichtskreis, Kneipe.

In den 1970er Jahren nehmen die Probleme der Region an Gewicht zu, weil die Umstrukturierung des Industriegebiets auf Hochtouren läuft. Da die Landesregierung in den Wirtschaftskreislauf kaum eingreifen kann, nimmt sie den Weg über die Entwicklung von Infrastrukturen. Dafür eignet sich auch die erhaltende Umnutzung technischer Kulturdenkmale.

Ausgewählte Beispiele des historischen Erbes dienen als „Festpunkte der Ruhrgebiets-Identität" (Hartwig Suhrbier) – als Anlässe für öffnendes Nachdenken. Die NRW-Stiftung lässt 1980 das Fördergerüst (1908) der Zeche Teutoburgia (abgerissen) in Herne-Börnig restaurieren. Und den Förderturm des Schachts 7 der Zeche Erin (abgerissen) im Stadtzentrum von Castrop-Rauxel wiedererrichten.

Nach dem Gewinn der absoluten Mehrheit richtet die SPD-Landesregierung ein Ministerium für Stadtentwicklung ein. Der neue, innovative Minister Dr. Christoph Zöpel und sein Abteilungsleiter Professor Dr. Karl Ganser organisieren es zu einer flexibel und offen handelnden Behörde.

1980 tritt das nordrhein-westfälische Denkmalschutzgesetz in Kraft. Darin werden nun zum ersten Mal die technischen Kulturdenkmale und die Denkmale der Sozialgeschichte festgeschrieben. Karl Ganser: „Der Minister, den ich damals hatte, gab in 99 Prozent der Fälle dem Denkmal den Vorrang. Das Geld, das man sonst für Straßenbau ausgegeben hätte, haben wir in Denkmäler gesteckt. Mit Geld kann man vieles regeln."

„Was ist das Dramatische?", fragt Karl Ganser. „Bisher hatte jede Epoche 50, 60, 70 Jahre Zeit, um auszureifen und ihren Wert zu beweisen. Unsere Epoche, die Industrie-Kultur, hat diese Zeit nicht, weil wir heute aus Mangel an Arbeit, das ist das eine Thema, und auf der anderen Seite aus der schieren ökonomischen Kraft heraus diese Kultur in fünf Jahren auslöschen können. Deswegen sind wir erstmalig in der Situation, dass wir einer Kulturepoche schon ihren geschichtlichen Wert bescheinigen müssen, obwohl sie noch Jetzt-Zeit ist. Daher werbe ich: Gebt den Dingen Zeit! Lasst sie stehen!" Karl Ganser realisiert dies in vielen Projekten der Internationalen Bauausstellung Emscher Park.

Die Perspektive? Helmut Bönninghausen denkt regional-strukturell: „Konsequente Weiterführung dessen, was die Kerne gesetzt haben. Die Ressourcen in ihrer Umgebung, sprich Ruhrgebiet, mit ihnen in Zusammenhang zu setzen, zu vernetzen. Im Kleinen wäre dies zum Beispiel eine Museumsstraße von Witten nach Henrichenburg. Unter Einbeziehung all der Dinge, die rechts und links am Wege liegen."

„Ich sehe", resümiert er, „dass Zollern II/IV die Leute hier stolz macht. Du musst erleben, wie der Opa mit seinen Enkeln an der Hand kommt und ihnen erklärt. Jetzt ist Zollern voll ins Seelenleben der Leute integriert. Das Ruhrgebiet ist eine fantastische Gegend. Wir sind viel reicher als andere Regionen, weil wir die Denkmale der Industrialisierung haben."

Auch in Bottrop ist es eine denkmalwerte Zechenanlage, die das Projekt „Gründerzentrum Arenberg" der Internationalen Bauausstellung Emscher Park zum Ausgangspunkt nimmt. Hinter der geschwungenen Giebelwand von Waschkaue und Lohnhalle verbergen sich nicht nur Jugendstildetails der 1910 erbauten Zeche Arenberg-Fortsetzung, sondern auch preisgünstiger Büroraum. Auch im Maschinen- und Pumpenhaus sind neue Nutzungen untergebracht. So kann die ehemalige Zeche, eingebunden in die zugehörige Zechensiedlung und die mit einer Leuchtpyramide gekrönte Abraumhalde, Auskunft geben über die industrielle Vergangenheit Bottrops.

Die Schachtanlage Zollern II/IV in Dortmund-Bövinghausen, die dem LWL-Industriemuseum des Landschaftsverbands Westfalen-Lippe als Hauptquartier dient, wurde wieder ergänzt um die beiden verloren gegangenen Fördergerüste, die man sich von stillgelegten Zechen in Herne und Gelsenkirchen holte. Links im Bild das 1898 von Paul Knobbe errichtete Gebäude der Hauptverwaltung.

Genauso ehrgeizig wie die architektonische Gestaltung der von 1906 bis 1909 errichteten Schachtanlage Oberschuir der Zeche Consolidation in Gelsenkirchen-Feldmark waren die Zukunftspläne an diesem Ort nach der Stilllegung. Ergänzt um einen kubischen Neubau, wurde Schacht 8 ab 1996 Sitz der „GAAG – Galerie Architektur und Arbeit Gelsenkirchen", 2002 gefolgt von „stadtbauraum" vom Europäischen Haus der Stadtkultur e. V. im Rahmen der Initiative StadtBauKultur Nordrhein-Westfalen. Durch Ausstellungen und Veranstaltungen wird hier Hilfe gegeben für die zukünftige Qualitätssicherung gewerblicher Bauten. Neben der ästhetischen Güte des Ausstellungsorts selbst werden dafür auch die Leistungen der Vergangenheit nutzbar gemacht, indem man Blicke auf die historische Industriearchitektur wirft.

Industriedenkmale – schützen, erhalten, nutzen

Ursula Mehrfeld

Wenn auf der Kokerei Hansa in Dortmund das 40 Tonnen schwere Schwungrad eines riesigen Gaskompressors der 1920er Jahre in Bewegung gesetzt wird, kann sich kaum ein Besucher der Faszination entziehen. In Sekundenschnelle kommt eine Ahnung auf von der immensen Leistung der Menschen, die diese Maschine bauten, sorgfältig pflegten und über 60 Jahre lang betrieben. Rund zweieinhalb Millionen Kubikmeter Gas konnten auf der Kokerei Hansa in Spitzenzeiten täglich produziert und ins deutschlandweite Ferngasnetz eingespeist werden. Dabei war das hochwertige Gas, mit dem Industrie und private Haushalte versorgt wurden, nur ein Nebenprodukt der Kokerei. Das Hauptprodukt war der Koks, ein hochwertiger Brennstoff, der zum Erschmelzen von Roheisen im Hochofen gebraucht wurde und der in der Stahlindustrie nach wie vor unverzichtbar ist.

Auf anschauliche Weise lässt sich die Koksproduktion auf der Kokerei Hansa heute noch nachvollziehen, indem Besucher dem Weg der Kohle folgen, über Förderbandbrücken gehen, mächtige Bunker durchschreiten, um schließlich zu den Koksöfen zu gelangen, in denen unter Luftabschluss und bei über 1000 Grad Celsius Steinkohle zu Koks veredelt wurde.

Durch das Erwandern der Anlage, das Hinauf- und Hinabsteigen, wird der großindustrielle Betrieb in seinen Dimensionen und in seiner Gesamtheit erfahrbar, ebenso wie die Produktionsbereiche und die Arbeitsplätze im Einzelnen. Diese „Vor-Ort-Erfahrungen" sind durch museale Präsentationen – mögen sie noch so multimedial oder virtuell perfekt sein – immer noch nicht zu ersetzen. Dies mag einer der Gründe für das stetig wachsende Interesse an den großindustriellen Anlagen sein. Aber auch die Fremdheit der einst für die Öffentlichkeit verbotenen Stätten der Arbeit scheint auf die Besucher zu wirken und sehr unterschiedliche Eindrücke und Gefühle hervorzurufen. Dabei reichen die Kommentare von „Dreckschleuder" und „Schrotthaufen" bis hin zu „Schloss der Arbeit" und „traumhaft schöne Architektur". Und wenn dann noch – angesichts eines Blickes in die Tiefe der Kohlenbunker, auf verfallene Schornsteine oder auf ein schier unergründliches Netz aus Rohrleitungen – von „Erhabenheit" und von faszinierenden, bisweilen aber auch angsteinflößenden Räumen die Rede ist, sind die Gedanken der Romantik näher denn je.

Mit all diesen unterschiedlichen Aspekten wird heutzutage „gespielt". So wird die Kokerei Zollverein in Essen allabendlich in rotes und blaues Licht getaucht und zu einer grandiosen „Lichtlandmarke" stilisiert. Ein „Werksschwimmbad", das zum Sinnbild für den wirtschaftlichen Strukturwandel wurde, entstand im Rahmen eines Kunstprojekts inmitten der industriellen Anlage in Anbindung an eine Koksofenbatterie und zu Füßen eines hölzernen, altertümlich anmutenden Löschturms, unter den früher täglich bis zu 360 Waggons mit glühendem Koks gefahren und mit je 70 000 Litern Wasser gelöscht wurden. Dort also, wo früher große Dampfwolken gen Himmel stiegen und rund um die Uhr an 365 Tagen im Jahr von der Produktivität der Anlage zeugten, wurden neue Wahrzeichen gesetzt. Auch die Koksofenbatterien mit ihren mehr als 300 Öfen und ihrer rostig schimmernden Front sind inzwischen bekannt als imposante und zugleich skurrile Architektur, vor deren Fassade sich im Winter Eisläufer vergnügen. Die Symbolkraft dieses Ortes, an dem das alte und neue Ruhrgebiet bestechend gut zusammenwirken, wurde auch von den Organisatoren der Europäischen Kulturhauptstadt RUHR.2010 erkannt und entsprechend gewürdigt, indem sie die Eröffnungsfeier auf der Kokerei Zollverein inszenieren: mitten im Winter, unter freiem Himmel und unmittelbar vor den Koksöfen.

Doch ist es wirklich sinnvoll, auf Freizeit und Kultur zu setzen an den Orten, wo früher Tausende von Menschen hart arbeiteten, bisweilen sogar daran erkrankten und dennoch stolz waren auf ihre Arbeit, nicht zuletzt weil sie damit ihre Familien ernähren konnten? Und ist es überhaupt erstrebenswert, die riesigen baulichen Hüllen und die ebenso gigantischen Maschinen zu erhalten, vor allem dann, wenn man noch gar nicht weiß, welchen Nutzen sie in Zukunft haben werden?

Dass dieser Weg, der in Nordrhein-Westfalen seit Jahren beschritten wird, nicht nur einzigartig, sondern auch sinnvoll ist und weltweit Beachtung findet, zeigen die einschlägigen Erfahrungen der Stiftung Industriedenkmalpflege und Geschichtskultur. Die Institution versteht sich als „Kind" der Internationalen Bauausstellung (IBA) Emscher Park, die in den Jahren 1989 bis 1999 den Strukturwandel im Ruhrgebiet von der Industriegesellschaft zur Dienstleistungs- und Informationsgesellschaft begleitete. Die IBA leistete einen großen Beitrag zur Erhaltung und Umnutzung industrieller Bauten und brachte gleichzeitig Themen der Industriegeschichte und der Industriekultur in die Öffentlichkeit.

Mit der Gründung der Stiftung Industriedenkmalpflege und Geschichtskultur wurde ein über die IBA Emscher Park hinaus wirksames, langfristiges Modell ins Leben gerufen, um hochrangige bauliche Zeugnisse des Industriezeitalters vor dem Abriss zu bewahren. Die Stiftungsgründung erfolgte im Jahr 1995 durch das Land Nordrhein-Westfalen und die damalige Ruhrkohle AG (jetzt RAG Aktiengesellschaft); 1997 wurde die Arbeit mit der Ein-

Über Förderband- und Rohrbrücken führen Besucherpfade zu den Produktionsstätten der Kokerei Hansa, etwa zur „schwarzen Seite“ mit den Koksöfen, in denen bei über 1000 Grad Celsius und unter Luftabschluss Kohle zu Koks „gegart“ wurde, oder zur weißen Seite, der „chemischen Fabrik“ der Kokerei, wo Nebenprodukte wie Teer, Benzol und Ammoniak gewonnen wurden.

Früher zählten die riesigen Wasserdampfwolken zu den Wahrzeichen einer Kokerei. Wenn der sogenannte Kokskuchen nach etwa 20 Stunden glühend heiß aus dem Ofen geschoben wurde, musste er sofort mit Wasser gelöscht werden. Das Foto zeigt Otto Jardner, der als Löschwagenfahrer auf der Kokerei Zollverein in Essen arbeitete und pro Schicht etwa 40 Chargen Koks zum Löschturm transportierte. Der Fotograf Karlheinz Jardner fotografierte seinen Vater 1983 an seinem Arbeitsplatz.

(Großes Foto) Seit 1992 stehen die Maschinen auf der Kokerei Hansa in Dortmund still. Zur „begehbaren Großskulptur“ entwickelt, zieht die historische Industrieanlage heute Tausende Besucher an, die sie auf dem Erlebnispfad „Natur und Technik“ erkunden. Besonders eindrucksvoll ist die Maschinenhalle mit einem Ensemble von dampfbetriebenen Gaskompressoren der 1920er/30er Jahre. Sie verdichteten einen Teil des hochwertigen Gases, das bei der Koksproduktion entstand und zur Versorgung von Industrie und privaten Haushalten ins Ferngasnetz eingespeist wurde.

Ein Waggon mit glühendem Koks fährt in den hölzernen Löschturm ein. 70 Kubikmeter Wasser wurden benötigt, um eine etwa 20 Tonnen schwere Ladung Koks zu löschen.

Im Rahmen der Internationalen Bauausstellung Emscher Park wurde die Kokerei Zollverein in Essen im Jahr 1999 von den Londoner Lichtarchitekten Speirs & Major in eine „Lichtlandmarke" verwandelt. Seitdem werden die Koksöfen allabendlich bei Einbruch der Dämmerung – in Erinnerung an die Zeiten der Koksproduktion – mit einem warmen Rot gleichsam zum Glühen gebracht, während die gegenüberliegenden Bereiche in kühles blaues Licht getaucht sind, das auf das Erkalten der Öfen verweist. Geschichte und Gegenwart spiegeln sich im Wasserbecken, das im Bereich des Druckmaschinengleises unterhalb der Koksöfen angelegt wurde, und gestalten ein neues Bild.

Das „Werksschwimmbad" auf der Kokerei Zollverein in Essen ist eine Arbeit der Künstler Dirk Paschke und Daniel Milohnic, die zu einem Symbol für den wirtschaftlichen Strukturwandel wurde. Der aus zwei Überseecontainern gebaute Pool entstand in unmittelbarer Anbindung an die historischen Koksofenbatterien im Jahr 2001 im Rahmen des Projekts „Zeitgenössische Kunst und Kritik" als „soziale Skulptur". Kinder und Jugendliche aus den umliegenden Stadtteilen haben das Werksschwimmbad als lebendigen und kommunikativen Sommertreffpunkt im Essener Norden angenommen.

In der Mischanlage der Kokerei Zollverein, die zu einem Ausstellungshaus umgebaut wurde, präsentiert die Stiftung Industriedenkmalpflege und Geschichtskultur seit dem Jahr 2001 kontinuierlich in den Sommermonaten zeitgenössische Kunst. Auch für große Theaterinszenierungen wird die Mischanlage genutzt.

Nach dem Ausdrücken des Kokses aus den Öfen mussten die Ofenarbeiter Teerrückstände entfernen, bevor die Ofentüren wieder eingesetzt und die Ofenkammern luftdicht verschlossen wurden.

Auf der Kokerei Zollverein wurde ein Besucherparcours angelegt, der unter anderem auf das flache Dach der Koksöfen, die Ofendecke, führt. Hier fallen besonders die vielen Fülllochdeckel ins Auge. Durch sie wurde früher die Kohle mittels eines Füllwagens in die darunter befindlichen Ofenkammern abgelassen. Über jedem der 304 Öfen, die auf Zollverein 45 Zentimeter breit, circa 13 Meter lang und sechs Meter hoch sind, befinden sich fünf solcher Fülllöcher. Sie mussten nach jedem Füllvorgang wieder mit den Deckeln luftdicht abgeschlossen werden. Die Hitze der Öfen strahlte auch über die Ofendecke ab, die stets eine Temperatur von etwa 40 Grad Celsius aufwies. Was den Arbeitern auf der Ofendecke im Winter ganz angenehm erschien, konnte bei glühender Sommerhitze zur Tortur werden. Links auf dem Foto sind die Steigrohre zu sehen. Über diese wurde das bei der Koksproduktion entstehende Gas aus den Ofenkammern in eine Gassammelleitung, die sogenannte Vorlage, abgeleitet, durch Einspritzen von Wasser auf unter 100 Grad Celsius abgekühlt und zur Weiterverarbeitung auf die weiße Seite der Kokerei geleitet. Bevor nun ein Kokskuchen aus dem Ofen ausgedrückt wurde, musste die Verbindung zur Vorlage unterbrochen und der Deckel des Steigrohres geöffnet werden, sodass die noch vorhandenen Restgase entweichen und verbrannt werden konnten.

Der Kokereiparcours auf der Kokerei Zollverein führt auch zur Ofendecke. Hier können Besucher den Wechsel zum Zeitalter regenerativer Energien hautnah erleben. Unmittelbar an der großen Fotovoltaikanlage, die auf dem Dach der Löschgleishalle entstand, lässt sich so mancher Gast gerne zum Sonnenbaden nieder.

Im Bereich des Wasserbeckens vor den Koksöfen der Kokerei Zollverein in Essen wird im Winter für einige Wochen eine Kunsteisbahn angelegt, die Tausende Besucher von nah und fern begeistert. Zwischen großen Kaminen und imposanten Koksöfen seine Bahnen ziehen zu können ist ein echtes Winterhighlight auf Zollverein.

Watt
Sonne

richtung der Geschäftsstelle der Stiftung Industriedenkmalpflege und Geschichtskultur auf der Kokerei Hansa in Dortmund aufgenommen. Der Zweck der gemeinnützigen Stiftung besteht darin, „die ihr übertragenen Industriedenkmäler zu schützen und zu erhalten, sinnvoll zu nutzen, wissenschaftlich zu erforschen und öffentlich zugänglich zu machen".

Das Land Nordrhein-Westfalen stattete die Stiftung mit einem Grundkapital vom umgerechnet 20,1 Millionen Euro aus. Die Ruhrkohle AG brachte ein weiteres Barvermögen von rund 2,2 Millionen Euro sowie neun Denkmale des Steinkohlenbergbaus mit zugehörigen Grundflächen ein und stellte außerdem 30 Mitarbeiter für einen Zeitraum von fünf Jahren zur Verfügung.

Voraussetzung für die Übertragung einer Industrieanlage in das Eigentum der Stiftung ist zunächst der Denkmalstatus, mithin die (ernsthaft beabsichtigte) Eintragung des jeweiligen Objekts in die Denkmalliste. Eine weitere Prämisse ist die Zustiftung eines angemessenen Geldbetrags durch den Voreigentümer, wobei sich die auszuhandelnde Summe an den Kosten orientiert, die ein Abriss der Industrieanlage verursachen würde. Auf diese Weise konnte beziehungsweise kann die Stiftung Industriedenkmalpflege und Geschichtskultur ihre Liegenschaften und ihr Geldvermögen vermehren. Sie betreut inzwischen 13 Denkmalstandorte in Nordrhein-Westfalen – elf Objekte befinden sich auf stillgelegten Schachtanlagen des Steinkohlenbergbaus, zwei sind ehemalige Kokereien. Das Geldvermögen, das gemäß dem nordrhein-westfälischen Stiftungsgesetz angelegt ist, beläuft sich derzeit auf eine Summe von rund 29,5 Millionen Euro. Für ihre Arbeit – die Kosten für Bauprojekte und Personal eingeschlossen – stehen der Stiftung die aus dem Vermögen erwirtschafteten Zinserträge sowie Einnahmen aus inzwischen etablierten wirtschaftlichen Geschäftsbetrieben, den Zweckbetrieben und der Vermögensverwaltung zur Verfügung. Auf diese Weise beläuft sich das Jahresbudget auf circa 1,8 Millionen Euro. Für die umfänglicheren Baumaßnahmen und gelegentlich auch für die kulturellen Projekte beantragt die Stiftung öffentliche Fördermittel und beteiligt sich an den Gesamtkosten in der Regel mit einem Anteil von 20 bis 50 Prozent. Die öffentlichen Zuschüsse kommen aus den Bereichen der Städtebauförderung sowie aus Denkmalschutz- und Ökologieförderprogrammen des Landes Nordrhein-Westfalen, vom Regionalverband Ruhr, oder es sind Zuschüsse anderer Stiftungen und privater Partner.

Die Stiftung Industriedenkmalpflege und Geschichtskultur ist keine fördernde Institution, sondern operativ tätig und dabei ausschließlich auf die im Eigentum der Stiftung befindlichen Objekte konzentriert. Zu den vordringlichsten Aufgaben zählen Sicherungsarbeiten an den denkmalgeschützten Gebäuden und technischen Anlagen. Der Handlungsbedarf ist bei Objekten, die vor Übernahme durch die Stiftung über einen längeren Zeitraum nicht genutzt wurden, in der Regel besonders hoch. Viele Bauten sind vom Verfall geprägt und bergen Gefahren: Fassaden oder Schornsteine, aus denen sich Mauerwerk großflächig löst, sowie Dächer oder Fördergerüste, die einzustürzen drohen, sind keine Seltenheit.

Hier beginnt die Arbeit der Stiftung Industriedenkmalpflege und Geschichtskultur: die Baudenkmalpflege, die Forschung, die Öffentlichkeitsarbeit und das Etablieren neuer Nutzungen in den Industriedenkmalen.

Kehren wir noch einmal zurück zur Kokerei Hansa in Dortmund, die es – übrigens ebenso wie die Kokerei Zollverein in Essen – ohne das Stiftungsmodell mit großer Sicherheit heute nicht mehr gäbe.

Die Zeche Zweckel in Gladbeck wurde bereits 1963 stillgelegt. Weil die Schächte noch bis 1995 der Wasserhaltung benachbarter Zechen dienten, blieben die Fördergerüste und die Maschinenhalle, die auch die Fördermaschinen beherbergt, erhalten. Die übrigen Übertageanlagen wurden abgerissen. Als die Stiftung Industriedenkmalpflege und Geschichtskultur die Maschinenhalle 1998 in ihre Obhut nahm, war das Gebäude in sehr ruinösem Zustand. Binnen weniger Jahre konnte das wertvolle Denkmal des Industriezeitalters saniert und zu einer außergewöhnlichen Veranstaltungshalle umgenutzt werden.

Die Kokerei Zollverein in Essen, 1958–61 von Fritz Schupp errichtet, wurde in den 1970er Jahren zu einer der größten Kokereien Europas ausgebaut. Aus 10 000 Tonnen Kohle wurden in Spitzenzeiten täglich rund 7500 Tonnen Koks produziert. 1993 wurde die Kokerei stillgelegt. Die Stiftung Industriedenkmalpflege und Geschichtskultur nahm 1998 einen großen Teil der Anlage in ihre Obhut. Im Jahr 2000 erfolgte die Eintragung als Baudenkmal, ein Jahr später die Aufnahme in die Welterbeliste der UNESCO.

Seit 1997 befindet sich die 1992 stillgelegte Industrieanlage in der Obhut der Stiftung und seit 1998 stehen die wichtigsten Produktionsbereiche der Dortmunder Kokerei mit zahlreichen Gebäuden einschließlich ihrer technischen Ausstattung unter Denkmalschutz. 1999 wurde die Kokerei Hansa erstmals der Öffentlichkeit zugänglich gemacht und zugleich als Ankerpunkt in die Route der Industriekultur aufgenommen, die auf einem 400 Kilometer langen Rundkurs Sehenswürdigkeiten aus 150 Jahren Industriegeschichte im Ruhrgebiet touristisch erschließt.

In den Jahren 1998 bis 2003 wurden auf der Kokerei Hansa sogenannte Denkmalpfade für Besucher errichtet. In drei Bauabschnitten wurden die wesentlichen Produktionsstätten durch ein neu angelegtes Wegesystem aus Bandbrücken, Rohrbrücken und Stegen erschlossen. Um den Besuchern möglichst unterschiedliche Perspektiven auf das Denkmal zu ermöglichen, wurden eine Schrägbandbrücke sowie eine Becherwerksbrücke verglast und begehbar gemacht und ein Kohlenturm mit einem Panoramafenster versehen. Außerdem wurde ein Kohlenbunker saniert und mit einer Treppenanlage ausgestattet und damit für Besucher zugänglich gemacht.

Im Jahr 2004 wurde die Kompressorenhalle instand gesetzt. Die Maßnahme umfasste die Dach- und Fachsanierung sowie die Restaurierung von fünf Paar dampfbetriebener Gaskolbenkompressoren (1928–38). Dabei handelt es sich um ein technikhistorisch wertvolles Maschinenensemble, das den Ausgangspunkt für die Unterschutzstellung der Kokerei Hansa gebildet hat.

Die Erfahrungen beim Ausbau des Wegenetzes konnte die Stiftung Industriedenkmalpflege und Geschichtskultur auch für ihren weiteren prominenten Standort, die Kokerei Zollverein in Essen, nutzen. Sie zählt mittlerweile zum UNESCO-Welterbe. Auch dort wurden Bandbrücken, Kohlenbunker und Koksofenanlagen für Besucher erschlossen. Auf Zollverein ging der Ausbau dieses Kokereiparcours mit der Einrichtung eines Ausstellungshauses in der ehemaligen Kohlenmischanlage und der spektakulären Ausstellung „Sonne, Mond und Sterne. Natur und Kultur der Energie“ im Jahr 1999 einher.

Der Umnutzung der Kokerei Hansa lag ein völlig anderes und sehr ungewöhnliches Konzept zugrunde. Es sollte die historische Architektur und Technik mit der sich ausbreitenden „Industrienatur“ zu einem neuen Gesamtensemble vereinen.

Auch auf der Kokerei Hansa in Dortmund wurden Kohlenbunker begehbar gemacht. Besucher folgen dem Weg der Kohle, die vom Kohlenturm zu den Koksöfen transportiert wurde.

Die Transportwege der Kohle mit den Förderbandanlagen sind zu Besucherwegen ausgebaut worden. Auf der Kokerei Hansa ist auf diese Weise eine „gläserne" Bandbrücke entstanden. Der Besucherweg führt links neben dem Förderband entlang, sodass der Blick frei über die Anlage schweifen kann.

Die sogenannte Trichterebene der Kokerei Zollverein in Essen war zu Betriebszeiten mit Förderbandanlagen ausgestattet, mittels derer die verschiedenen, aus den trichterförmigen Bunkerausläufen abgelassenen Kohlesorten gemischt wurden. Weil Kohle je nach Lagerstätte unterschiedliche Qualitäten aufweist, für die Koksproduktion aber eine ganz bestimmte Zusammensetzung gebraucht wurde, mussten verschiedene Kohlesorten gemischt werden.

„Sonne, Mond und Sterne. Kultur und Natur der Energie" hieß die spektakuläre Ausstellung, mit der die Kokerei Zollverein in Essen im Jahr 1999 erstmals der Öffentlichkeit zugänglich gemacht wurde. Diese Abschlusspräsentation der Internationalen Bauausstellung Emscher Park zog 300 000 Besucher an. Das Foto zeigt den „Sonnenbunker" mit Abgüssen der Sphingen von Villa Hügel und einem Standbild von Alfred Krupp.

Auf der Kokerei Zollverein werden Besuchern Einblicke in eine Koksofenbatterie gewährt. In der „Allee des Feuers" können sie – bislang einzigartig – das Innere einer Koksofenbatterie und deren faszinierende Konstruktion erkunden. Dafür wurde ein Weg mitten durch die sechs Meter hohen, 45 Zentimeter breiten und circa 13 Meter langen Koksöfen geschnitten. Im Innern einzelner Ofenkammern wird der Garvorgang lichtkünstlerisch simuliert.

Das „Sonnenrad" der Kokerei Zollverein in Essen steht für die neue Nutzung der Industrieanlage. Wo früher Kohle zu Koks veredelt wurde, fahren heute Touristen ein. Möglich macht dies eine seilunterspannte, nabenlose Konstruktion mit einem Durchmesser von 37 Meter. Das mit 14 Kabinen ausgestattete Rad befördert Fahrgäste in die Tiefe der Koksöfen sowie in die Bereiche der Unterfeuerung und wieder hinauf, um den Blick über die Ofenbatterie und in die Ferne zu ermöglichen. Das „Sonnenrad" erfreut sich unter Touristen und Bewohnern der umgebenden Stadtteile großer Beliebtheit. Vonseiten der Denkmalpflege werden bezüglich des „Sonnenrades" erhebliche Bedenken geäußert, weil es als neuer Baukörper in die Ofenbatterie implantiert wurde und einen Event-Charakter hat. Möglich war der Einbau des „Sonnenrades" im Jahr 1999, weil die Kokerei damals noch nicht unter Denkmalschutz stand.

Wild wachsende Natur und Industriedenkmal miteinander zu vereinen ist ein schwieriges Unterfangen. Man denke nur an Birkenwälder auf Koksofenbatterien oder an schnell wachsenden Sommerflieder in ehemaligen Gleisbereichen. Grundsätzlich stellt sich die Frage, wie viel Natur ein Industriedenkmal überhaupt verkraften kann. Die Stiftung setzt Prioritäten: Um Gebäude und Anlagen vor Zerstörung (zum Beispiel durch Pflanzenwuchs am Mauerwerk) zu schützen und um Blickachsen zu bewahren, wird das Grün in vielen Bereichen alljährlich entfernt oder zurückgeschnitten. Das bedeutet nicht nur einen großen finanziellen Aufwand, sondern beschwört immer auch den Konflikt mit der Industrienatur herauf. Vor diesem Hintergrund war und ist es wichtig, verbindliche Areale der Industrienatur – zum Beispiel im Nordosten der Kokerei Hansa – auszuweisen. Die sogenannten Industriewaldflächen werden im Auftrag der Stiftung Industriedenkmalpflege und Geschichtskultur vom Projekt Industriewald Ruhrgebiet betreut. Dieses betreibt hier keine Forstwirtschaft im traditionellen Sinn, sondern überlässt die Flächen der Natur, die sich auf diese Weise weitgehend unbeeinflusst von menschlichen Eingriffen entfalten kann.

Nun wäre es sehr wünschenswert, wenn sich aus der einmal geschaffenen Verbindung von Natur und Technik auch die weiteren Nutzungen der Kokerei Hansa ergäben. Tendenzen in diese Richtung sind vorhanden: So soll im ehemaligen Laborgebäude der Kokerei Hansa, in dem noch die historischen Ausstattungen erhalten sind, ein „Farblabor" für Kinder entstehen, das sich der Farbengewinnung auf Pflanzenbasis ebenso widmet wie der historischen Farbproduktion auf der Grundlage der Kohlechemie, die unmittelbar mit der Kokerei verbunden war.

Die Kokerei Hansa ist inzwischen als Industriedenkmal etabliert und anerkannt. 20 000 Gäste besichtigen die Anlage jährlich im Rahmen von Führungen und Veranstaltungen – ihre Zahl steigt. Schulen nutzen die Kokerei als außerschulischen Lernort, Unternehmen verbinden eigene Präsentationen mit Besichtigungen der Industrieanlage. Seit der ersten Öffnung der Kokerei im Jahr 1999 suchen Künstlerinnen und Künstler den Dialog mit dem Denkmal und lassen sich von der industriellen Vergangenheit ebenso inspirieren wie vom allmählichen Wandel. So begleiten und prägen künstlerische Interventionen die Entwicklung und das Nachdenken über die Geschichte, Gegenwart und Zukunft des Denkmals.

Der offene Umgang mit dem Industriedenkmal Kokerei Hansa – ebenso wie das Modell der Stiftung Industriedenkmalpflege und Geschichtskultur – gerät auch international zunehmend in den Blick der Öffentlichkeit. Denkmalpfleger, Stadtplaner, Architekten aus aller Welt kommen, um sich zu informieren und um sich anregen zu lassen von der Bandbreite der Möglichkeiten im Umgang mit stillgelegten Anlagen der Schwerindustrie.

Mittlerweile gerät in Vergessenheit, dass es neben den – letztlich erfolgreichen – Befürwortern nicht wenige Stimmen gab, die für einen Abbruch des Denkmals plädierten und das alte Image der Kokerei als „Dreckschleuder" nutzten, um das „hässliche" Objekt in Misskredit zu bringen. Doch seit die Stiftung die einst „verbotene Stadt" schrittweise für Besucher geöffnet und die Kokerei sich zum touristischen Anziehungspunkt entwickelt hat, sind die Gegenstimmen leiser geworden. Auch die Industrienatur stimmt mit ihrem üppigen Grün versöhnlich und trägt zur Steigerung des Freizeit- und Erholungswerts bei. Das Denkmal am Rande der Stadt ist längst mitten in der Stadt „angekommen".

Eine Erfolgsgeschichte schreibt auch das Industriedenkmal Zeche Consolidation Schacht 9 in Gelsenkirchen-Bismarck, das sich seit 1998 in der Obhut der Stiftung Industriedenkmalpflege und Geschichtskultur befindet. Hier ist das 53 Meter hohe Fördergerüst von 1922 stadtbildprägend und zum Wahrzeichen des neu angelegten „Consol Parks" geworden, der auf der industriellen Brachfläche entstand und Gewerbe, Freizeit und Wohnen auf eindrucksvolle Weise verknüpft.

Das Denkmalensemble Bergwerk Consolidation Schacht 9, zu dem neben dem Fördergerüst zwei Maschinenhäuser zählen, wurde in den Jahren 2002 bis 2005 von der Stiftung Industriedenkmalpflege und Geschichtskultur und der Stadt Gelsenkirchen mit finanzieller Unterstützung des Landes Nordrhein-Westfalen sowie der Deutschen Stiftung Denkmalschutz saniert. Insbesondere die Instandsetzung des Fördergerüsts war aufgrund starker Korrosionsschäden eine große Herausforderung.

Die beiden Maschinenhäuser werden nach ihrer Sanierung neu genutzt. Im südlichen Haus richtete der Initiativkreis Bergwerk Consolidation e.V. seine Heimstätte ein. Die Mitglieder des im Jahr 1997 gegründeten Vereins engagieren sich für das Denkmal, bieten Führungen an und präsentieren „ihre" Fördermaschine, die sie sorgfältig konserviert und wieder funktionstüchtig gemacht haben. So können Besucherinnen und Besucher die Zwillingsdampffördermaschine im Schaubetrieb erleben.

Im nördlichen Maschinenhaus präsentiert die Stadt Gelsenkirchen seit dem Jahr 2006 die Sammlung Werner Thiel (1927–2003) mit faszinierenden „Fundstücken" aus dem Bergbau. Seit 1980 hatte der Gelsenkirchener Künstler Artefakte und Überreste bergmännischer und industrieller Arbeit zusammengetragen, um sie in Installationen und Collagen zu bearbeiten. Werner Thiel strebte eine große und dauerhafte Installation im nördlichen Maschinenhaus der Zeche Consolidation an. Leider erlebte der Künstler die Verwirklichung seiner Idee nicht mehr. Doch sein künstlerischer „Archivgedanke" lebt in der Sammlung Thiel fort und lädt Besucherinnen und Besucher ein, sich von Relikten vergangener Arbeitswelten inspirieren zu lassen.

Alljährlich präsentieren Schülerinnen und Schüler der Gustav-Heinemann-Gesamtschule in Dortmund-Huckarde zum Tag des offenen Denkmals in der Kompressorenhalle der Kokerei Hansa eine Kunstausstellung. Die Kokerei Hansa steht dabei im Mittelpunkt und hat sich als außerschulischer Lernort bewährt.

(Großes Foto) Seit der Öffnung der stillgelegten Kokerei Hansa in Dortmund suchen Künstlerinnen und Künstler kontinuierlich den Dialog mit dem Denkmal und lassen sich von der industriegeschichtlichen Vergangenheit und vom Wandel der Strukturen ebenso inspirieren wie von der Technik der Industrieanlage und von der Industrienatur, die sich schnell ausbreitet. In seiner Arbeit „Mavi" hat der Künstler Tamer Serbay im Rahmen des Kunstprojekts „Die verbotene Stadt" 2002 die Schienenstränge, welche das Kokereigelände durchziehen, in Blau gefasst.

Auf der Kokerei Hansa wurde das Miteinander von Technik und Industrienatur zum Konzept erhoben. Doch bei aller Faszination von wucherndem Grün auf rostigen Industrieanlagen hat das Denkmal Priorität. Im Bild zu sehen ist blühender Sommerflieder am Fuß des Kohlenturms.

Der Künstler Stefan Sous fühlte sich bei seinem ersten Besuch der Kompressorenhalle der Kokerei Hansa an asiatische Tempelanlagen und Statuen erinnert. Er stellte zweieinhalb Meter hohe Räucherstäbe auf, die in chinesischen Zeremonien verwendet werden, und vermischte so den schweren Geruch der Industriehalle mit dem Duft einer fremden Religion. Die Installation entstand 2002 im Rahmen des Kunstprojekts „Die verbotene Stadt".

Im südlichen Maschinenhaus der Zeche Consolidation in Gelsenkirchen-Bismarck ist eine 285 Tonnen schwere Dampfmaschine erhalten geblieben (ganz oben). Sie wurde 1950 für den Schacht Mont-Cenis 1 in Herne gebaut, in den 1960er Jahren für das Bergwerk Consolidation erworben und dort 1963 mit einigen technischen Veränderungen aufgestellt. Längst hatten sich im Bergbau elektrische Fördermaschinen durchgesetzt. Die Fördermaschine mit einer Leistung von 4100 PS hob Nutzlasten von zwölf Tonnen mit einer Geschwindigkeit von 18 Meter pro Sekunde aus dem über 1000 Meter tiefen Schacht. Sie ist eine der letzten Dampffördermaschinen, die von der Gutehoffnungshütte in Oberhausen-Sterkrade gebaut wurden. Mitglieder des Initiativkreises Bergwerk Consolidation haben sie wieder instand gesetzt, um sie Besuchern des Industriedenkmals in Schauvorführungen zu präsentieren.

Im nördlichen Maschinenhaus der Zeche Consolidation Schacht 9 präsentiert die Stadt Gelsenkirchen seit dem Jahr 2006 die Sammlung Werner Thiel (1927–2003) mit faszinierenden „Fundstücken" aus dem Bergbau. Seit 1980 trug der Gelsenkirchener Künstler Artefakte und Relikte bergmännischer und industrieller Arbeit zusammen, um sie in Installationen und Collagen zu bearbeiten.

Das 53 Meter hohe Fördergerüst über Schacht 9 entstand 1922 und gilt als Wahrzeichen des Stadtteils Gelsenkirchen-Bismarck. Die Stahlfachwerkkonstruktion aus genieteten Profileisen wirkt, obwohl sie hohe Lasten zu bewältigen hatte, insgesamt leicht und filigran. Schon zu Betriebszeiten erkannte man den Denkmalwert des Fördergerüsts, und 1987 erfolgte die Eintragung in die Denkmalliste der Stadt Gelsenkirchen. Die zugehörigen Maschinenhäuser wurden 1992 unter Schutz gestellt. Mit der Übertragung in das Eigentum der Stiftung Industriedenkmalpflege und Geschichtskultur im Jahr 1998 wurde die langfristige Bewahrung des herausragenden Ensembles „Consolidation Schacht 9" ermöglicht. In den Jahren 2002–05 wurde es von der Stiftung Industriedenkmalpflege und Geschichtskultur und der Stadt Gelsenkirchen mit finanzieller Unterstützung des Landes Nordrhein-Westfalen sowie der Deutschen Stiftung Denkmalschutz saniert.

Das Fördergerüst über Schacht 9 wird allabendlich bei Einbruch der Dämmerung in eine „Lichtlandmarke" verwandelt. Im Auftrag der Stadt Gelsenkirchen installierte der Künstler Professor Günther Dohr gelbe Natriumdampflampen und rote Leuchtstoffröhren, um das Fördergerüst im oberen Bereich in eine Lichtwolke zu tauchen: „Consol-Gelb" steht für Sonnenlicht und Lebensenergie, aber auch für Kunstlicht und Elektrizität als wichtige Grundlage der Industrialisierung und des technischen Fortschritts.

Der nächste Schritt wird die Umnutzung der sogenannten Hängebank sein, einer großen, aufgeständerten Schachthalle, die – flankiert von den Gerüststreben – in das Fördergerüst über Schacht 9 integriert ist. Hier kamen die mit Kohlen beladenen Wagen aus dem Schacht. Sie wurden aus den Förderkörben heraus in den Wagenumlauf gedrückt und entladen, um dann leer – oder gefüllt mit dem Gesteinsmaterial, das nach dem „Waschen" der Kohle übrig blieb – wieder nach unter Tage befördert zu werden.

Obwohl die Hängebank nicht unter Denkmalschutz steht und nach der Stilllegung der Zeche im Jahr 1993 zu einem großen Teil abgebrochen wurde, legte die Stiftung großen Wert darauf, das Bauwerk – zumindest in seinen konstruktiven Elementen – zu erhalten und von einem Abriss abzusehen. Diese Strategie erwies sich als erfolgreich, denn inzwischen plant ein Investor, in das Fördergerüst einschließlich der Hängebank eine Wohnbebauung zu integrieren.

Aus einem „Dornröschenschlaf" erwachte auch das Industriedenkmal Zeche Zweckel in Gladbeck. 1997 nahm die Stiftung Industriedenkmalpflege und Geschichtskultur die vom Verfall bedrohte Maschinenhalle Zweckel in Gladbeck in ihre Obhut und bereitete sie binnen weniger Jahre auf eine neue, denkmalgerechte Nutzung vor. Nach ersten notdürftigen Sicherungsmaßnahmen lud die Stiftung im Jahr 2000 mit einer großen und eigens auf das Denkmal ausgerichteten Theaterinszenierung in die Maschinenhalle ein, um die Bevölkerung auf die in Vergessenheit geratenen historischen Werte aufmerksam zu machen und sie für den Erhalt der Maschinenhalle zu gewinnen. Inzwischen ist das Denkmal eine feste Größe im Kulturleben der Stadt Gladbeck und weit darüber hinaus. Seit 2002 zählt das Haus zu den Hauptspielorten der Ruhrtriennale, dem internationalen Festival für Musik, Schauspiel und Tanz.

Im Jahr 1909 im Auftrag des preußischen Staates als „elektrische Zentrale" der Zeche Zweckel erbaut, diente das repräsentative Gebäude dazu, das Bergwerk mit Strom und Druckluft zu versorgen. Nach Stilllegung des Betriebs im Jahr 1963 wurden die Zechengebäude und technischen Anlagen weitgehend abgerissen. Erhalten blieben die Maschinenhalle und die Fördergerüste über Schacht 1 und Schacht 2, die noch bis 1995 der Wasserhaltung benachbarter Zechen dienten. Schon 1988 wurde die Maschinenhalle der Zeche Zweckel inklusive zweier Gleichstromfördermaschinen von 1908, einer Umformeranlage sowie der beiden Fördergerüste der Doppelschachtanlage von 1910–12 unter Denkmalschutz gestellt.

Die Stiftung Industriedenkmalpflege und Geschichtskultur leitete 1999 aus eigenen Mitteln erste Maßnamen zur notdürftigen Sicherung des Denkmals ein, um den weiteren Verfall des Gebäudes aufzuhalten. Für einen Entwicklungsschub sorgte die Ruhrtriennale, die das Industriedenkmal als Spielort nutzen wollte. Die Maschinenhalle war aber noch weit davon entfernt, als Ort für hochrangige Kulturveranstaltungen dienen zu können. Das Land Nordrhein-Westfalen erklärte sich bereit, die erforderlichen Baumaßnahmen finanziell zu fördern. Auch die Stadt Gladbeck beteiligte sich großzügig an den Gesamtkosten.

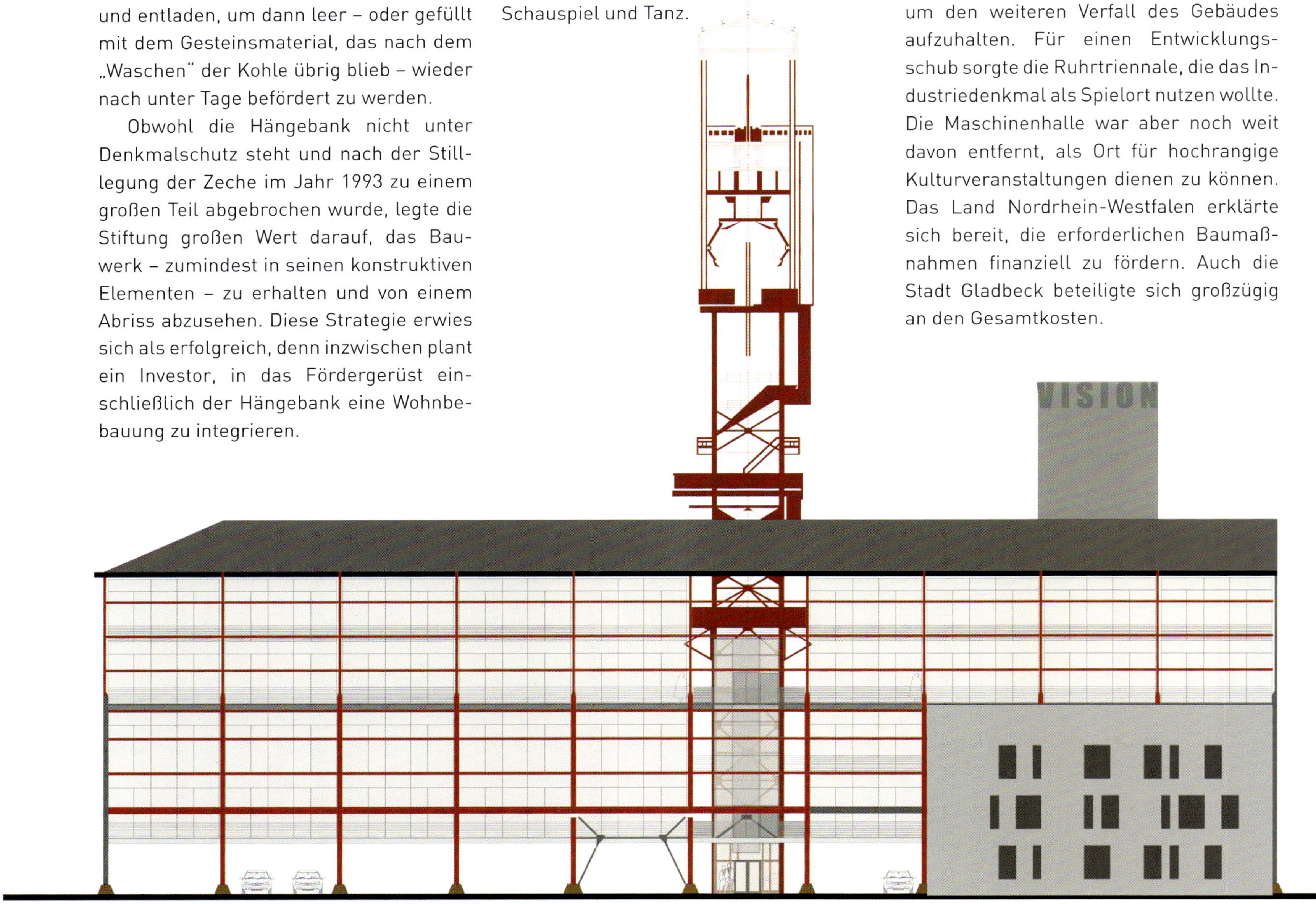

In das Fördergerüst über Schacht 9 ist – flankiert von den beiden seitlichen Strebenpaaren – eine große, aufgeständerte Schachthalle, die sogenannte Hängebank, integriert (Bild links). Wenn hier die mit Kohlen beladenen Wagen aus dem Schacht kamen, wurden sie aus den Förderkörben in den Wagenumlauf gedrückt und entladen. Dann wurden sie leer oder gefüllt mit dem Gesteinsmaterial, das nach dem „Waschen" der Kohle übrig blieb, wieder nach unter Tage befördert. Neueste Planungen sehen vor, in die Hängebank, die nicht zum Denkmalbestand zählt, eine Wohnbebauung zu integrieren. Dies ist das Konzept eines Investors, der das Fördergerüst Schacht 9 inklusive der Hängebank erworben hat. Das „Wohnen im Fördergerüst", im neu angelegten Consol-Park, der auf Freizeit, Sport, Kultur und Gewerbe ausgerichtet ist, wird von besonderer Qualität sein.

Das weithin sichtbare Fördergerüst der Zeche Consolidation Schacht 9 in Gelsenkirchen-Bismarck wird allabendlich bei Einbruch der Dämmerung in eine „Lichtlandmarke" verwandelt. Die vom Künstler Professor Günther Dohr im Auftrag der Stadt Gelsenkirchen installierten gelben Natriumdampflampen und roten Leuchtstoffröhren tauchen den oberen Bereich des Fördergerüsts in eine Lichtwolke. „Consol-Gelb", Symbol des Sonnenlichts und der Lebensenergie, steht gleichzeitig für Kunstlicht und Elektrizität als Basis der Industrialisierung und des technischen Fortschritts.

Eindrucksvoll ist die Gestaltung der Empore in der 1909 errichteten Maschinenhalle der ehemaligen Zeche Zweckel in Gladbeck. Hier waren früher Schalttafeln integriert. Die Empore hat seitlich ausschwingende Treppenaufgänge und schmiedeeiserne Geländer. Ein besonderes Augenmerk verdienen die Treppenpfosten mit ihren fächerartig aufgelegten Eisenbändern, die zu kubischen Formen gebündelt werden.

Auf den ersten Blick erscheint die Maschinenhalle der Zeche Zweckel nicht wie eine Industrieanlage, sondern eher wie ein Schloss. Dieser Charakter liegt in der Auftraggeberschaft begründet, denn der Bauherr der Zechenanlage war kein Geringerer als der preußische Staat, der mit der herrschaftlichen Architektur seinen Machtanspruch verdeutlichte. Im Innenraum erinnern nur noch wenige technische Anlagen an den Maschinenpark, den die Halle früher beherbergte, um das Bergwerk mit Druckluft und elektrischer Energie zu versorgen. Im links abgebildeten Hauptgeschoss waren Kompressoren, Generatoren und Umformer untergebracht, im unteren Geschoss befanden sich Luft- und Elektroleitungen sowie Akkumulatoren. Für die sanfte Anfahrt eines beladenen Förderkorbes mit voller Leistung benötigte man Gleichstrom. Dieser wurde von zwei heute noch erhaltenen Ilgner-Umformern (vorne links im Bild) bereitgestellt, die den mittels Generatoren erzeugten Drehstrom in Gleichstrom umwandelten. Wie groß die Wertschätzung des Maschinenparks war, beweist die einstige repräsentative Innenausstattung der Halle. So waren die Wände mit gemalten Pfeilern, dekorativ gestalteten Wandfeldern und abschließenden Ornamentbändern verziert. Untersuchungen im Jahr 2004 ergaben, dass die Halle zweimal vollständig ausgemalt wurde, zunächst kurz nach der Fertigstellung um 1910 und ein zweites Mal vermutlich vor dem Zweiten Weltkrieg. Einen Eindruck von der hohen Qualität der beiden farbigen Fassungen geben heute zwei Wandfelder auf der Nord- und Südseite mit Rekonstruktionen der Bemalungen, die ansonsten nur noch schemenhaft zu erkennen sind.

So wurden in weiteren Bauabschnitten bis 2003 zunächst die über 140 schadhaften und durch Witterung stark zerstörten Holzsprossenfenster nach historischem Vorbild rekonstruiert. Wichtige Voraussetzung für die Funktion als Ort für hochrangige Kulturveranstaltungen (zum Beispiel Konzerte) war eine Akustikdecke. Nach langem Ringen wurde – zusammen mit der behördlichen Denkmalpflege – eine verträgliche Lösung gefunden, um die dämmenden Platten in das filigrane stählerne Dachwerk zu integrieren. Weitere Voraussetzungen für die Durchführung von Veranstaltungen waren unter anderem die Gestaltung eines Foyer- und Eingangsbereichs mit Treppenanlage und einem gläsernen Aufzug sowie der Einbau von sanitären Anlagen und Künstlergarderoben.

Die schnellen Baufortschritte weckten weitere Wünsche hinsichtlich der Erhaltung der hochwertigen Ausstattung, die – wie der Außenbau – gänzlich auf Repräsentation angelegt war. So ist im Innern der ehemalige Maschinenleitstand als herrschaftlich anmutende Empore mit weit ausschwingenden Treppenläufen und eisernen Geländern im geometrisch-strengen Jugendstil gestaltet. Auffällig sind auch die mit Ornamenten versehenen Schutzhauben der Maschinen. Besondere Beachtung verdienen jedoch die aufwändigen Dekorationsmalereien, welche die Wände der Maschinenhalle zierten. Restauratorische Untersuchungen brachten zwei Ausmalungen zutage, wobei die erste in die Bauzeit um 1909/10 fällt und die zweite vermutlich noch vor dem Zweiten Weltkrieg entstanden sein dürfte. Um Besuchern eine „Leseanleitung" für die Malereien zu geben, wurden beispielhaft zwei Achsen rekonstruiert und dabei die originalen Fragmente eingebunden. Weitere Rekonstruktionen sind nicht vorgesehen. Das bisherige Aussehen der Wände soll möglichst mit den Spuren der Zeit belassen werden, eine behutsame Reinigung, Festigung und Konservierung ist aber vorzunehmen, um weiteren Verlusten durch abblätternde Putzschichten vorzubeugen. Eine Restaurierung der Fördermaschinen und Umformer wird ebenso angestrebt wie die der beiden Fördergerüste im Außenbereich, die die wichtigsten Zeugnisse der früheren schwerindustriellen Produktionsstätte sind.

Schließlich galt es auch, das Umfeld der Maschinenhalle, die industrielle Brachlandschaft, zu gestalten. So wurde im Jahr 2008 vor dem Gebäude ein Gartenparterre angelegt, das unter bewusstem Verzicht auf eine barockisierende, axiale Gestaltung mit einer „wilden Blumenwiese" dem herrschaftlichen und repräsentativen Charakter des Gebäudes entgegengewirkt.

Die Umnutzung zu einer Veranstaltungshalle wurde mit Augenmaß vollzogen. Die Eingriffe in den historischen Bestand waren wohlüberlegt und minimal im Sinne eines behutsamen Umgangs mit dem Denkmal. So verfügt die Veranstaltungshalle bis heute weder über eine Heizungsanlage noch über eine Bühne oder gar Zuschauertribünen. Doch scheint dies einer Nutzung für Veranstaltungen nicht entgegenzustehen. Vom Frühjahr bis in den Herbst hinein ist die Maschinenhalle an den Wochenenden ausgebucht. Die kurzfristigen Vermietungen verzeichnen steigende Tendenz und bringen der Stiftung notwendige Gelder ein, um die Betriebskosten rund um das Denkmal zu decken und – bei zu erwartenden steigenden Einnahmen – die noch anstehenden Restaurierungen anteilig zu finanzieren.

Inzwischen ist die Maschinenhalle zu einer namhaften Größe im Bereich der außergewöhnlichen Veranstaltungsorte im Ruhrgebiet geworden und ist zugleich ein eindrucksvoller Erinnerungsort der bergbaulichen Tradition in der Stadt Gladbeck. Die Arbeit der Industriedenkmalstiftung trägt auch hier ihre Früchte.

Die Erfahrungen der Stiftung Industriedenkmalpflege und Geschichtskultur im Umgang mit den hier vorgestellten Beispielen zeigen, dass es von großem Vorteil war, die Industriedenkmale durch die Obhut der Stiftung dem üblichen unmittelbaren ökonomischen Verwertungszwang zu entziehen. In jeder Hinsicht und im wahrsten Sinne des Wortes erfuhren die Anlagen, die noch immer von der großen Dynamik der industriellen Zeit zeugen, eine „Entschleunigung". So gab und gibt es genügend Zeit, sich langsam vorzutasten, um erst einmal Erfahrungen im Umgang mit den „rostigen Riesen" zu sammeln, gemeinsam mit Denkmalpflegern und Planern schrittweise Sanierungsmodelle zu entwickeln, sinnvolle, dem jeweiligen Denkmal angemessene Nutzungen zu finden und neues Leben hineinzubringen. Die kontinuierliche Betrachtung und Begutachtung und das Vor-Ort-Sein sind dabei ebenso wichtige Faktoren wie die Erforschung der Industrieanlagen, denn ohne das Wissen um die Technik und die Geschichte(n) der Arbeit und Arbeiter bleiben die Denkmale bloße Hüllen, die allenfalls staunen machen.

Die Stiftung Industriedenkmalpflege und Geschichtskultur ist in Nordrhein-Westfalen nach wie vor ein wichtiges Instrument zur Begleitung des wirtschaftlichen Strukturwandels, indem sie erhaltenswerte Bauten des Industriezeitalters, die ebenso wie Kirchen, Burgen, Schlösser, Gärten und Bürgerhäuser die Geschichte des Landes dokumentieren, dauerhaft sichert. Und: Sie entlastet Städte und Gemeinden, die ansonsten in der Pflicht wären, sich der gefährdeten Denkmale anzunehmen. Angesichts der öffentlich sichtbaren und messbaren Erfolge kann auch im beinahe 15. Jahr nach der Gründung der Stiftung Industriedenkmalpflege und Geschichtskultur ganz ohne Pathos gesagt werden, dass es sehr klug und bedeutsam war, diesen damals gänzlich neuen Weg zu beschreiten. Die Erfolge sprechen für sich. In Nordrhein-Westfalen ist die Industriedenkmalpflege zu Hause.

Die Maschinenhalle der Zeche Zweckel sowie die beiden Fördergerüste wurden 1988 unter Denkmalschutz gestellt. Seit 1997 befindet sich das Industriedenkmal in der Obhut der Stiftung Industriedenkmalpflege und Geschichtskultur, die das Bauwerk mit Unterstützung des Landes Nordrhein-Westfalen und der Stadt Gladbeck denkmalgerecht sanierte und zu einer außergewöhnlichen Veranstaltungshalle entwickelte (siehe auch Seite 58). Mittlerweile hat die Maschinenhalle Zweckel einen festen Platz im Kulturleben der Stadt Gladbeck und weit darüber hinaus erhalten. Seit 2002 zählt das Haus, in dem einst Maschinen lärmten, zu den Hauptspielorten der Ruhrtriennale, dem internationalen Festival für Musik, Schauspiel und Tanz.

Industrienatur – ein Lebensraum voller Eigenarten

Peter Drecker

Welche Tiere und Pflanzen leben auf Kohlenstaub? Kann ein Industriewald schön sein? Können Pflanzen auf mit Schwermetall belasteten Böden wachsen, Heuschrecken und Eidechsen auf Kohlehalden leben?

Das Zentrum der Industrialisierung im Herzen Nordrhein-Westfalens, das Ruhrgebiet, wird von den meisten Menschen kaum mit seiner Vielfalt der Natur in Verbindung gebracht. Man denkt eher an zerstörte Lebensräume als an zuwandernde Arten oder neue Biotope für Tiere und Pflanzen.

Aber in den letzten zwei Jahrzehnten beschäftigten sich Naturschützer und Landschaftsplaner immer mehr mit dem besonderen Lebensraum zwischen Zechen, verlassenen Industriestandorten und Halden. Es wurde ein neuer Begriff geprägt: die Industrienatur.

„Aus tausend Schloten steigt ein dichter Rauch ..."

Die Industrialisierung des Ruhrgebiets setzte vor 250 Jahren ein und wanderte entlang der abbaubaren Kohlevorkommen von Süd nach Nord. Einst sah diese landwirtschaftlich geprägte Region an Emscher, Rhein und Ruhr ähnlich aus wie das Münsterland oder die Region am Niederrhein mit guten Böden und kleinteiliger Landwirtschaft. Kohle wurde für den eigenen Bedarf ausgegraben. Erste Eisenhütten dienten der Gewinnung von Eisen aus Erzen, die vor Ort gefunden und mithilfe von Holzkohle verhüttet wurden. Das lässt auf eine waldreiche Gegend schließen, die das Ruhrgebiet mit seinen vielen Industriewäldern auch heute wieder ist.

Erst die industrielle Gewinnung der umfangreichen Steinkohlevorkommen veränderte das Ruhrgebiet und seine Landschaft. Anfang des 19. Jahrhunderts wuchs die Zahl der Zechen rasant auf mehrere Hundert an, aus Dörfern wie Gelsenkirchen und Herne wurden Großstädte. Die Industrialisierung, vor allem die auf die Kohlevorkommen aufbauende Eisen- und Stahlindustrie, ließ dann das Ruhrgebiet weiter dramatisch an Bedeutung und Bevölkerung gewinnen. Die Städte wuchsen zusammen. Die Veränderungen geschahen rapide und waren mit massiven Umweltverschmutzungen verbunden. Seit 1900 wurde neben dem Stolz auf die eigene Arbeit im Bergbau auch das Problem des Umweltschutzes thematisiert. Der Wald aus Schornsteinen und die dunklen Wolken über der Ruhr wurden beklagt, der Dichter Philipp Witkop schrieb 1901: „Aus tausend Schloten steigt ein dichter Rauch ..." Gewässerverunreinigung, Smog und steigende Sterblichkeit standen lange Jahrzehnte für die Identität des Ruhrgebiets. Doch die wirtschaftliche Prosperität blieb wichtiger.

Erst als erste Zechen unproduktiv und mit der Kohlekrise Ende der 1950er Jahre Veränderungen notwendig wurden, gewann die Frage nach Lebens- und Umweltqualitäten langsam an Bedeutung. Willy Brandts Wahlkampfversprechen vom „blauen Himmel über der Ruhr" aus den 1960er Jahren läutete einen Umbruch der Entwicklung der Region ein, der in der Internationalen Bauausstellung (IBA) Emscher Park (1989–1999) und in der Entdeckung der Industrienatur mündete.

Durch das Brachfallen industriell genutzter Flächen konnte sich in mehr als drei Jahrzehnten eine einzigartige Natur neu ausbreiten. Eine Natur, die sich als „grüne Schicht" über ehemalige Industrieareale legt, diese Räume erobert und sich wesentlich von der „ursprünglichen" Natur in ländlichen Regionen oder von traditionellen Parks unterscheidet.

Heute ist das Ruhrgebiet für Naturfreunde eine besondere Attraktion. Seit den 1990er Jahren kann man die „Route der Industrienatur" erleben, die im Rahmen der Internationalen Bauausstellung Emscher Park entwickelt wurde. Der Besucher kann auf dieser Route an 17 Standorten zwischen Hamm und Duisburg besonders schöne und interessante Industriebrachen erleben. So hat die Kulturmetropole an der Ruhr nun ein grünes Gegengewicht.

Postindustrielle Landschaft

Mit dem Wandel von der Industriegesellschaft zur Wissensgesellschaft gegen Ende des 20. Jahrhunderts wurden bislang industriell genutzte Räume immer weniger für die Gewinnung von Rohstoffen und die Produktion von Waren oder Energie benötigt. Zechen, Kokereien und Bergwerke wurden geschlossen. Jahrzehntelang für einen großen Teil der Öffentlichkeit nicht zugängliche Betriebsgelände blieben nun sich selbst überlassen, sie fielen brach.

Dies führte zu einer natürlichen Begrünung alter Industrieareale. So entstand eine Grundlage für eine ganz neue Art von Parks. Landschaftsarchitekten haben die Industrienatur seitdem in ihr Gestaltungsrepertoire aufgenommen. Die Faszination durch die Industrienatur des Ruhrgebiets ist inzwischen längst nicht mehr den Spezialisten für Flora und Fauna vorbehalten.

Die Internationale Bauausstellung Emscher Park setzte sich erstmals mit dem Phänomen dieser hinfällig gewordenen Industrieflächen und ihren bedeutsamen Bauwerken auseinander. In einem Prozess der Bewahrung, Erhaltung, Neugestaltung, aber vor allem der Umnutzung der ehemals industriell genutzten Räume und Bauten entstand eine postindustrielle Landschaft mit besonderem Reiz. Entlang der Emscher wurden unterschiedliche Projekte zum Thema Industrienatur initiiert. Zu nennen ist hier beispielsweise das „Industriewaldprojekt", das in Kooperation mit dem Bergbau durchgeführt wird. Am Standort der Zeche Rheinelbe in Gel-

senkirchen sind auf circa 53 Hektar Projektfläche unterschiedliche Waldbilder in unterschiedlichen Entstehungsstadien zu beobachten. Beeindruckend ist auch das etwa 25 Hektar große „Bodendenkmal" des ehemaligen Sammel- und Rangierbahnhofs in Essen-Frintrop. Hier finden sich noch typische karge Industrieböden aus Bergematerial, Bauschutt und Kalkschotter, die für den Emscherraum in dieser Ausprägung mittlerweile selten sind.

In seinem Buch zur „IndustrieNatur" zog Professor Jörg Dettmar 1999 eine viel beachtete Bilanz: Das von der IBA Emscher Park initiierte grüne Infrastrukturprojekt für das Ruhrgebiet habe dessen kulturlandschaftlichen Wandel von der Industrieregion zur Kulturmetropole und zum Lebensraum eingeleitet und zum Erfolg geführt. Auch die Europäische Kulturhauptstadt RUHR.2010 baut auf dieser neuen Anerkennung des Ruhrgebiets auf.

Herausragende Beispiele der Transformationslandschaft sind das Weltkulturerbe Zeche Zollverein in Essen oder der Landschaftspark Duisburg-Nord.

Entlang einer stillgelegten Bahntrasse entwickelt sich ein dichter gelber Moosteppich. Es handelt sich um das Purpurstielige Hornzahnmoos, das auch auf belasteten Böden gedeiht.

Der aus dem Mittelmeerraum eingewanderte Dreifingersteinbrech breitet sich in Deutschland seit einigen Jahren entlang von Bahngleisen auf nährstoffarmen Schotterflächen aus.

Birken besiedeln als Pionierbaumart – wie an der oberen Haldenrandflanke erkennbar – in kurzer Zeit Rohböden mit flächigen Beständen und befestigen durch ihr weitverzweigtes Flachwurzelsystem erosionsgefährdete Bereiche.

Die künstlerische Inszenierung und Interpretation der industriegeprägten Orte und speziell die Halden, die durch Kunstwerke zu Landmarken wurden, bieten dem Besucher heute ganz neue Aus- und Einblicke.

Erlebbar werden diese Elemente durch die touristische Infrastruktur wie die Routen der Industriekultur und der Industrienatur oder den Emscherpark-Radweg.

Was ist Industrienatur?

Ein Blick zurück: Die Geschichte zeigt, dass die industrielle Revolution Mitte des 19. Jahrhunderts die Landschaft des Ruhrgebiets drastisch verändert hat. Dennoch war auch das industrielle Ruhrgebiet eine Folge der Natur, ihrer Ressourcen. Die Ausbeutung der Erzvorkommen und der Reichtum an Holz im Norden sowie die Kohlevorkommen im Süden haben diese Region geprägt.

Heute lässt ein sensibler und behutsamer Umgang mit den Zeugnissen der industriellen Nutzung eine postindustrielle Kulturlandschaft entstehen, aus der die Industrie keinesfalls verschwunden ist.

Zahlreiche ehemalige Industrieanlagen sind zu von Menschenhand geformten Landschaftselementen geworden und werden heute als Freizeitorte genutzt. Der Landschaftspark Duisburg-Nord bietet auch ökologisch ausgerichtete Führungen an, um die circa 200 Hektar große Industriebrache des stillgelegten Hüttenwerks für den Besucher erlebbar zu machen.

Die Gesellschaft hat das Vermächtnis ihrer Entstehung auf eindrucksvolle Art konserviert.

Professor Dr. Ingo Kowarik, Landschaftsökologe aus Berlin, definiert Industrienatur als eine Natur der „vierten Art", eine Pflanzen- und Tierwelt, die sich auf leichten und von Menschen genutzten Böden wie Sand oder Kies ansiedelt. Eine solche Natur ist spontan durch die besonderen Voraussetzungen der Umgebung entstanden, nicht durch die Landnutzung oder durch Gärtner und Landschaftsarchitekten geplant. Sie vollzieht eine natürliche Entwicklung auf gestaltetem Gelände, in die der Mensch selbst nicht mehr massiv eingreift.

Diese Form der Natur zeichnet sich durch eine große Vielfalt an Arten aus und besitzt vor allem aufgrund seltener Pflanzen einen hohen ökologischen Stellenwert.

So entsteht Industrienatur

Die nicht mehr genutzten und stillgelegten Industrieflächen, meist der Schwer- und Montanindustrie, weisen Merkmale auf, die sie von anderen Brachflächen wie Baulücken oder Abrissflächen unterscheiden. Der Boden ist eine wesentliche Grundlage für die Entstehung von „Industrienatur".

Durch die unterschiedlich intensive Nutzung der Flächen sind die Böden oft stark verdichtet, das Bodengefüge ist häufig vollständig verändert und durch Aufschüttungen mit Bergematerial, Staub, Schlacken oder Asche versetzt. Dieser „künstliche" Boden kann durch seine kör-

nige Struktur nur wenig Wasser speichern und ist eher nährstoffarm und erosionsgefährdet, ähnlich wie Wüsten- und Steppenböden.

Außerdem sind die Industriebrachen mikroklimatische Wärmeinseln. Hohe Anteile von dunklen Materialien wie zum Beispiel Kohlenstaub bewirken eine schnellere Erwärmung durch die Sonneneinstrahlung. So können sich auch nichteinheimische oder gar exotische Pflanzen ansiedeln. Samen dieser Pflanzen wurden durch die Waren- und Rohstoffimporte aus weiten Teilen der Welt antransportiert, oftmals an Verpackungen anhaftend oder in Zügen und LKW zufällig in unsere Breiten getragen.

Böden in der Umgebung von Kokereien beispielsweise weisen atypische Bestandteile auf. Neben Teer und Benzol finden sich hier auch Ammoniak, Ammoniumsulfat, Schwefelsäure und Phenolatlauge, aber auch hohe Konzentrationen von Salzen und Schwermetallen lassen sich feststellen. Diese Bestandteile „düngen" zum Teil den Boden und verursachen unterschiedliche pH-Werte. Dadurch können die Bodenverhältnisse auf kleinsten Flächen stark variieren.

Die Ansiedlung von Pflanzen erfolgt in verschiedenen Phasen. In einer ersten Phase keimen die durch Wind, Vögel oder durch Transporte importierten Samen. Es siedeln sich krautige Pionierpflanzen wie Katzenschweif, Klebriges Greiskraut und Mauerpfeffer an. Diese Besiedlung durch die Pionierpflanzen erfolgt nicht flächendeckend. In der zweiten Phase, in den ein bis zwei darauffolgenden Jahren, verdichtet sich der Pflanzenteppich, und neue Arten wie Natternkopf, Disteln, Königskerze und Johanniskraut kommen hinzu. In der dritten Phase ist der Boden mit einem „grünen Pelz" aus Beifußgestrüpp, wiesenartigen Grasfluren, Glatthafer, Goldrute, kleinen Beerengehölzen und Bäumen wie zum Beispiel Sandbirken, Robinien, Zitterpappeln oder Salweiden bestanden. Die Vielfalt der Vegetation ist von der Bodenbeschaffenheit abhängig.

Am ehemaligen Bergwerk Rheinpreußen in Moers hat sich ein etwa 30-jähriger urwaldartiger Industriewald mit Birken, Robinien und Roteichen entwickelt.

Königskerzen werden bis zu drei Meter hoch und gedeihen auf armen Schlackenfeldern wie hier an der Halde Prosperstraße in Bottrop. Bei Trockenheit und Nährstoffarmut fühlen sich diese Pflanzen wohl und zeigen ihre volle Blüte.

Die aus Nordamerika stammende Kanadische Goldrute hat in Europa keine natürlichen „Fressfeinde" und verwandelt Standorte in ausgedehnte leuchtende Farbflächen.

Die Artenvielfalt

Häufig sind Pflanzenarten zu finden, die nach den „Roten Listen" zu den gefährdeten Arten gehören. Neben Arten, die sich im Zeitraum zwischen der Jungsteinzeit und dem Beginn der Neuzeit angesiedelt haben (Archäophyten), sind Pflanzen zu sehen, die in der Neuzeit, ab 1500 n. Chr., nach Europa eingewandert sind (Neophyten) und die seither meist in südlicheren Gefilden leben.

Auf Sand- und Schotterplätzen, die typisch sind für Bahnanlagen und auch für ehemals industriell genutzte Flächen, siedelt sich Ruderalvegetation an, also eine Gesellschaft aus meist krautigen, nicht für den landwirtschaftlichen Ertrag nutzbaren Pflanzen. Typische Pflanzen dieser Standorte sind Kanadische Goldrute, Natternkopf, Honig-Klee, Königskerze, Rainfarn und Beifuß. Birken, Kiefern und Weiden sind dort Pioniergehölze.

Neben den Pflanzen sind auch seltene Vogel- und Amphibienarten wie zum Beispiel Braunkehlchen, Eisvogel, Uferschwalbe, Teichmolch und Grünfrosch zu finden.

Industriewälder

Eine Besonderheit der Industrienatur stellen die Waldflächen dar. Es wird keine Forstwirtschaft betrieben, der Wald wird sich selbst überlassen. Ein besonderer Kontrast zwischen Natur und baulichen Resten der Industrie entsteht.

Die Industriewälder entwickeln sich durch natürliche Sukzession. Dies bedeutet, dass an den Industriestandorten im Laufe der Zeit eine Pflanzenentwicklung von krautigen Pflanzen über Sträucher und in der Endstufe von Wald stattfindet. Dadurch entsteht eine besonders hohe Artendichte.

Die Industriebrachen, die sich zu Industriewäldern entwickeln, sind keine Naturlandschaften, die weit von der Zivilisation entfernt liegen. Sie sind Teil der unmittelbaren Wohnumgebung, beliebte Freizeitorte im Ruhrgebiet. Selten entstand eine neuartige Naturlandschaft in so unmittelbarer Nähe zu den Zentren unserer Städte.

Für die Gestaltung der Landschaften ergeben sich hieraus Herausforderungen. Viele Räume sind aufgrund von Bodenverunreinigungen nicht landwirtschaftlich oder durch Gartenbau zu nutzen. Gleichwohl kann man diese Naturräume vorsichtig für Freizeit und Erholung erschließen. Ihr ungewöhnlicher Anblick reizt zu Spaziergängen mit besonderen Naturerlebnissen.

Die Landschaftsarchitekten lernen, mit den besonderen Bodenverhältnissen umzugehen. Viele halten die neue Landschaftsvegetation sogar für vorbildlich, da sich aufgrund des Klimawandels Wärme liebende und an extreme Wetterereignisse angepasste Pflanzenarten immer mehr durchsetzen werden.

Die postindustriellen Landschaftsräume sind heute neue Anziehungspunkte im Ruhrgebiet. Als Beispiel hierfür ist die Halde Großes Holz in Bergkamen zu nennen, die mit dem „Korridorpark" und dem „Kanalband" Freizeit- und Erholungsnutzung miteinander verbindet. Die Halde Großes Holz bildet den höchsten Punkt in der Umgebung der Städte Unna und Bergkamen und hat sich zu einem gut besuchten Ausflugsziel entwickelt. Der „Korridorpark" ist die zentrale Verbindung von West nach Ost über die Halde Großes Holz. Wegebegleitend sind zehn jeweils acht Meter hohe Leuchttürme mit blauen Glasköpfen aufgestellt worden, die auch nachts in einem bläulichen Licht erstrahlen. Zusätzlich sind blau blühende Stauden und Sträucher als Teil des „Blauen Bands" der Stadt Bergkamen angelegt worden. Auf dem „Kanalband" werden zahlreiche Freizeitangebote wie eine Seifenkistenrennbahn, eine Mountainbike-Strecke und weitläufige Wanderwege angeboten. Die Halde Großes Holz steht für die Weiterentwicklung einer Alltagslandschaft – die Folgen des Bergbaus wurden hier zum Ausgangspunkt einer postindustriellen Kulturlandschaft.

Mit den farbenfrohen Blütenpflanzen wie auch mancher in der landwirtschaftlichen Kulturlandschaft selten gewordenen Vogel- und Tierart wie dem Braunkehlchen oder dem Teichmolch bietet die Industrienatur ganz neue Erlebnisse. Vorkommen von Pflanzenarten auf schwermetallhaltigen Böden sind von hoher biologischer Faszination, gedeihen diese doch auf einem eigentlich hochgradig kontaminierten Standort.

So kultivieren die Landschaftsarchitekten auf Schwarzaschen und Halden, auf eigentlich unwirtlich erscheinenden Standorten, mithilfe der natürlichen Sukzession völlig neue Landschaftsräume. Diese machen die jüngere Geschichte des Ruhrgebiets zum Thema. Die Exotik der Neuansiedler aus Pflanzen- und Tierwelt verbindet sich mit der Industrietradition dieser Region. Mit entsprechenden Materialien wie Schotter oder abgeschliffenem Altglas ebenso wie mit der gärtnerischen Verwendung der eigentlich „wilden" Pflanzenarten setzen die zeitgemäßen Landschafts- und Parkgestaltungen diese farbenfrohen und poetischen Jungindustrielandschaften in Szene.

Diese Form der Landschaftsgestaltung wurde auf der Landesgartenschau Oberhausen 1999 treffend zum Ausdruck gebracht. In experimenteller Form sind innerhalb von Naturentwicklungsflächen mit unterschiedlichen Materialien (unter anderem Schlacke, Schotter, Bergematerial und Granulate) ungleiche Standortvoraussetzungen geschaffen worden. Hier sich ansiedelnde oder von Menschenhand eingebrachte Pflanzen sollten dem Besucher eine Vorstellung der Entwicklung von Industrienatur geben.

Mit den von der IBA Emscher Park eingeleiteten Maßnahmen zur Industrienatur hat die Landschaftsarchitektur eine wichtige Rolle für die Erneuerung einer ganzen Region übernommen, die auch europaweit als wegweisend gilt. Die hier entwickelten Projekte und Ideen haben Vorbildfunktion. Sie stehen für die Umwandlung einer Industrielandschaft in ein ganzheitlich gedachtes Konzept, das die verschiedenen Bedürfnisse der Menschen „landschaftlich" zu verbinden weiß.

Auf einer Halde hat sich ein junger Birkenwald entwickelt. Er schafft für andere Baumarten die Voraussetzungen zur Ansiedlung, da Birken eine Humusauflage bilden, die Spätfrostgefahr herabsetzen und mit ihrer lichten Krone Sonnenlicht zum Wachsen durchlassen.

In Bergkamen entstand auf der Halde Großes Holz der „Korridorpark". Das innerstädtische „Blaue Band" wird über blau blühende Ansaat- und Pflanzflächen mit blauen „Leuchttürmen" und „Blauglaswänden" auf die Halde fortgeführt.

Zur Landesgartenschau Oberhausen 1999 entstand auf der ehemaligen Kokerei Osterfeld eine blühende Erdskulptur in den Ausmaßen der historischen Industrieanlagen. Am früheren Verteilungsort der Kohle auf die Koksbatterien bringt ein Meer aus rot blühenden Tulpen die Fläche zum Glühen. Den Endpunkt der Erdskulptur bildet das „Schwarze Tor".

Die Route der Industriekultur

Reinhold Budde/Heinz-Dieter Klink

Das Ruhrgebiet, die größte Industrieregion Europas, hat seit Mitte des 19. Jahrhunderts eine ungeheure Zahl industrieller Bauten und Anlagen hervorgebracht. In keiner Region Deutschlands gibt es so viele bedeutende Zeugnisse der Montan- und Schwerindustrie, die bis heute erhalten sind. Zwischen Rhein, Ruhr und Emscher, wo sich der Bergbau, die Hütten- und Stahlbranche ab Mitte des 19. Jahrhunderts sprunghaft entwickelten, finden sich zahlreiche, heute meist stillgelegte Produktionsstätten von herausragendem technikgeschichtlichem und architektonischem Wert. Die Zechen, Hochöfen, Stahlwerke und Gießereien standen für höchste Produktivität und Innovation. Heute zeugen sie von vergangenen Epochen der Industrie- und Baugeschichte und erinnern an die Arbeits- und Lebensbedingungen früherer Generationen, bilden aber zugleich den Hintergrund für neue Nutzungen einer postindustriellen Gegenwart und Zukunft.

Industriedenkmalpflege, Industriemuseen und die Bewahrung materieller Industriekultur wurden vor allem in Nordrhein-Westfalen begründet. Die Erhaltung und spätere Unterschutzstellung der Musterzeche Zollern II/IV mit ihrer prächtigen Jugendstil-Maschinenhalle – heute LWL-Industriemuseum (die Abkürzung steht für Landschaftsverband Westfalen-Lippe) – gilt als Keimzelle der Industriedenkmalpflege bundesweit.

Am Anfang der Entwicklung von Industriekultur und Industriedenkmalpflege im Ruhrgebiet stand die quasi routinemäßige Zerstörung von Einzelbauwerken bis hin zu großflächigen Arealen, die im Zuge der Kohle- und Stahlkrise ab 1960 funktionslos geworden waren. Auch etliche der heutigen Denkmale der Industriekultur, wie die Zeche Zollverein in Essen oder das Hochofenwerk im Landschaftspark Duisburg-Nord, waren anfangs zum Abriss und zur Entwicklung von Gewerbegebieten vorgesehen. Dies stieß etwa ab Anfang der 1970er Jahre auf ein Bewusstsein, das sich der Verdrängung und Zerstörung der historischen Wurzeln des Ruhrgebiets widersetzte. Es konzentrierte sich zunächst auf Anlagen und Gebäude, deren Bedeutung oder Gestalt den üblichen Rahmen überstieg. Der Bewusstseinswandel war auch mit dem Wandel des Ruhrgebiets zur Wissens- und Dienstleistungsgesellschaft verknüpft. Das Wachsen der Mittelschichten sowie die Universitätsgründungen ab Mitte der 1960er Jahre veränderten die soziale Landschaft massiv. Auch wenn aus Sicht vieler Denkmalschützer und Bürgerinitiativen, die sich seit den 1970er Jahren gegen den Abriss manchen Objekts wehrten, schmerzliche Verluste zu beklagen waren, blieb eine große Zahl baulicher Zeugnisse der industriellen und sozialen Entwicklung des 19. und 20. Jahrhunderts erhalten.

Heute gelten die erhaltenen Anlagen und Gebäude des Industriezeitalters als Standortfaktor. Das wurde auch im Ruhrgebiet erkannt. Industriekulturelle Orte stoßen jetzt auf touristisches Interesse. Sie gewinnen damit eine ökonomische Dimension.

Zeugen der Geschichte

Am 29. Mai 1999 wurde die „Route der Industriekultur" im Rahmen der Abschlusspräsentation der Internationalen Bauausstellung Emscher Park auf der Zeche Zollverein feierlich vorgestellt. Vielen mag dies zugleich als der „Abschied vom Industriezeitalter" an der Ruhr erschienen sein. Dies übersieht, dass es auch im Ruhrgebiet und hier insbesondere im Duisburger Raum weiterhin industrielle Standorte, namentlich der Stahlindustrie und der Großchemie gibt.

Das Wegfallen gewohnter industrieller Lebensverhältnisse und damit letztendlich auch die fehlende Perspektive machen eine historische Neuorientierung nötig. Kulturelle Erinnerung ist keineswegs das nostalgische Festhalten an Vertrautem, sondern die Neubewertung der Vergangenheit vom Standpunkt der Gegenwart. Dabei sind die erhaltenen Industriedenkmale sichtbare Mittler zwischen Vergangenheit und Zukunft. Der Philosoph Walter Benjamin beschreibt ihre Wirkung als „Aura", als Faszination durch das Authentische. Sie entsteht durch die Spannung von räumlicher und sinnlicher Nähe und zeitlicher Ferne und Fremdheit. Das historische Objekt ist nah und fern zugleich.

Überspitzt formuliert könnte man sagen, dass der industrielle Ballungsraum Ruhrgebiet zumindest im Bewusstsein seiner Bewohner erst Ende des 20. Jahrhunderts mit der kulturellen Aufarbeitung seiner Geschichte entstand. Erst nachdem die stillgelegten Industrieanlagen den Wirtschaftskreislauf verlassen hatten, stiegen sie zu Symbolen der Industrialisierung auf und erhielten sinnbildlichen Charakter. So stehen das ehemalige Hochofenwerk im Landschaftspark Duisburg-Nord, der Gasometer Oberhausen und die Zeche Zollverein in Essen, inzwischen UNESCO-Welterbe, symbolisch für die Leistungskraft des Ruhrgebiets, für die Beherrschung der Technik, für Innovationskraft und rationale Gestaltungsfähigkeit. Das sind im neuen Selbstverständnis des Ruhrgebiets unübersehbare Zeichen für die Aufbruchstimmung in die Gegenwart und die Perspektive für die Zukunft, wenn der Landschaftspark Duisburg-Nord zum Kultur- und Freizeitzentrum, der Gasometer zum Wahrzeichen des größten Einkaufszentrums Europas, des CentrO in Oberhausen, geworden sind und Zollverein zum Zentrum der Kreativen.

Ein wesentlicher Anstoß für die positive Bewertung der Vergangenheit ging ab den späten 1990er Jahren von der Internationalen Bauausstellung Emscher Park aus. In diesem Strukturprogramm des Landes Nordrhein-Westfalen für das nördliche Ruhrgebiet nahm das Projekt „Industriedenkmäler als Zeugen der

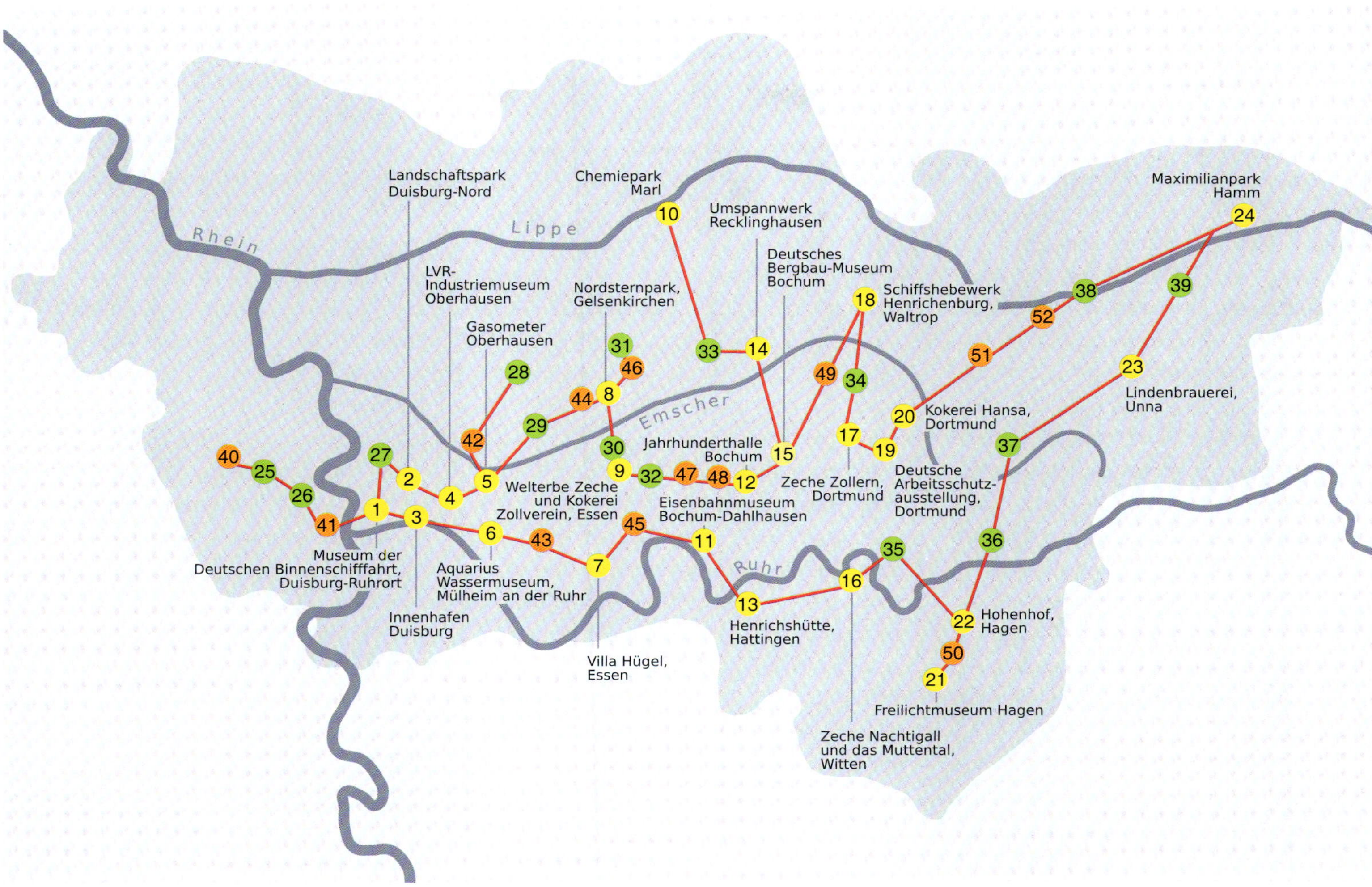

1 – 24 Ankerpunkte
Erlebnisorte und Knotenpunkte für Information

25 – 39 Panoramen der Industrielandschaft
bieten Überblicke

40 – 52 Bedeutende Arbeitersiedlungen
das Ruhrgebiet zu Hause

Geschichte" eine wichtige Funktion wahr. Viele Industrieanlagen und Einzeldenkmäler konnten so gerettet, zum Teil musealisiert, vor allem aber einer neuen Nutzung zugeführt werden. Nicht zuletzt die nun eintretende publizistische Aufmerksamkeit hat der Industriekultur im Ruhrgebiet entscheidende Impulse verliehen. Mit der „Route der Industriekultur" wurden schließlich die Industriedenkmale zur touristischen Attraktion.

Für diese Route, die dem touristisch eingeführten Produkt der „Ferienstraße" entlehnt ist, aber erstmals in Deutschland industriekulturelle Standorte verbindet, gab es mehrere Gründe: Zum einen ließ sich der alle Wirtschafts-, Arbeits- und Lebensbereiche des Ruhrgebiets durchdringende Vorgang der Industrialisierung nicht an einem einzelnen Ort darstellen. Zudem hatte sich im Rahmen der Internationalen Bauausstellung (IBA) Emscher Park die Notwendigkeit gezeigt, neue wirtschaftliche Strukturen in der Emscherzone zu fördern. Hier bot sich der bis dahin im Ruhrgebiet nur gering entwickelte Tourismus an.

Die Route umfasst neben herausragenden IBA-Projekten auch bereits vorher touristisch bekannte Gebäude und Einrichtungen, die aber durch die Route der Industriekultur in einen neuen Bedeutungszusammenhang gestellt wurden. So gehören zu dem Projekt unter anderem die Villa Hügel der Familie Krupp in Essen, oder das von Henry van de Velde geschaffene Gesamtkunstwerk für den Kulturreformer und Gründer des Folkwangmuseums Karl Ernst Osthaus, der Hohenhof in Hagen, herausragende Museen wie das Deutsche Bergbau-Museum Bochum und natürlich die Standorte der Industriemuseen der beiden Landschaftsverbände im Ruhrgebiet. Für die Routenkonzeption wichtig war die Einbindung des gesamten Ruhrgebiets. Nur durch diese Ausweitung war es möglich, die von den Stollenzechen an der Ruhr ausgehende industrielle Entwicklung auch im historischen Zusammenhang wirklich erfahrbar zu machen.

24 Ankerpunkte

Kern der Route sind 24 „Ankerpunkte", deren komplexe Qualität sie zu eindrucksvollen Symbolen und Orten der Industriekultur macht. Sie zeigen in besonderem Maße Innovation und Wandel, sind Orientierungspunkte für die Besucher und attraktive Erlebnis- und Veranstaltungsorte für Kultur, Unterhaltung und Kongresse. Exemplarisch stehen sie für die verschiedenen Aspekte der Industriekultur:

- bauliche und technische Zeugen
- Zeichen des Wandels zu einer neuen (Nach-)Industriekultur;
- industriell überformte Landschaft und ihr Wiederaufbau;
- soziale Aspekte, vor allem durch die Arbeitersiedlungen;
- ästhetische Aspekte, zum Beispiel in Gestalt der künstlerisch überformten Landmarken.

Die Route der Industriekultur verknüpft Ankerpunkte und weitere Standorte über verschiedene Verkehrsmittel (Straßen, Bus, Bahn, Fahrrad- und Wanderwege, Eisenbahnen, Schifffahrt).

Als „Knoten" im Erschließungs- und Informationssystem der Route sind die Ankerpunkte die überregional bekannten und kommunizierten Markenzeichen und authentischen Symbole der Industriekultur. Hinzu kommen rund 900 weitere industriekulturelle Standorte wie Industriebetriebe und Zechen, Infrastrukturen der Ver- und Entsorgung, Arbeitersiedlungen und Gartenstädte, Halden und Einzelgebäude. In 25 Themenrouten gegliedert, sind sie mit der Hauptroute verbunden und schaffen ein Netzwerk der Industriekultur im Ruhrgebiet.

Im Außenbereich der Ankerpunkte stehen stelenartige Informationstafeln, „Brammen", die in ihrer Form an ein Zwischenprodukt der Stahlindustrie erinnern. Hinzu kommen Tafeln und Schriftendisplays im Inneren. Sie beschreiben das Objekt und verweisen auf die Route. Ein breites Informationsangebot begleitet das System. Es besteht aus Faltblättern, Postkarten, Landkarten, Erlebnisführern, dem jährlich neuen „Entdeckerpass", Broschüren zu Themenrouten, einer sehr umfangreichen Internetpräsentation www.route-industriekultur.de und multimedialen Präsentationen in zahlreichen Ankerpunkten.

Wichtige Ankerpunkte der Route sind die Industriemuseen der beiden Landschaftsverbände LVR (Rheinland) und LWL (Westfalen-Lippe) mit zusammen sechs Standorten (von landesweit 14) und weitere überregionale technik- und sozialgeschichtliche Museen. Die Industriemuseen an Originalplätzen veranschaulichen Bereiche und Phasen der Industrialisierung: die Anfänge des Bergbaus in der Wittener Zeche Nachtigall und dem angrenzenden Muttental, die Hochphase in der Zeche Zollern II/IV in Dortmund, die Eisenerzverhüttung in der Hattinger Henrichshütte, die Stahlbearbeitung und den Maschinenbau im LVR-Industriemuseum in Oberhausen und den Kanalbau und die Kanalschifffahrt im Schiffshebewerk Henrichenburg in Waltrop.

Die technisch-historischen Museen präsentieren besondere Aspekte (nicht nur) des Ruhrgebiets im Überblick. Das LWL-Freilichtmuseum Hagen zeigt vorindustrielles Handwerk und Frühindustrialisierung, das Deutsche Bergbau-Museum Bochum die vornehmlich technische Entwicklung des Bergbaus, die Deutsche Arbeitsschutzausstellung in Dortmund den Wandel der Arbeitswelt, das Eisenbahnmuseum Bochum-Dahlhausen und das Museum der Deutschen Binnenschifffahrt in Duisburg-Ruhrort die Geschichte dieser die Industrialisierung prägenden Transportmittel.

Kleinere Museen und Dauerausstellungen wie das „Museum Strom und Leben" im Umspannwerk Recklinghausen, das „Aquarius Wassermuseum" in Mülheim an der Ruhr oder die Ausstellung zu Familie und Firma Krupp im Kleinen Haus der Villa Hügel vermitteln weitere Aspekte der Industriekultur im Ruhrgebiet. Nahezu alle Ankerpunkte bieten jeweils ein – der Größe der jeweiligen Institution entsprechendes – museumspädagogisches Angebot und Veranstaltungsprogramm.

Es folgen die Ankerpunkte im Einzelnen von West nach Ost.

1 Museum der Deutschen Binnenschifffahrt, Duisburg-Ruhrort

Duisburg ist Herz und Heimathafen der deutschen Binnenschifffahrt. Zum größten Binnenhafen Europas gehört ein besonderes Museum: das Museum der Deutschen Binnenschifffahrt, seit 1998 untergebracht in einem wunderschön restaurierten ehemaligen Jugendstil-Hallenbad in Duisburg-Ruhrort. Blickfang in der großen Herrenschwimmhalle ist die „Goede Verwachting", ein Lastensegler aus dem Jahr 1913 – unter vollen Segeln. Lebendig und umfassend werden die Welt der Binnenschiffer seit den Anfängen der Schifffahrt, die Arbeit der Hafen- und Werftarbeiter, das Leben der Binnenschifferfamilien an Bord, das Schifferleben an Land sowie die Auswirkungen der industriellen Revolution vorgeführt. Für Familien hat das Museum einen Wasserbau-Spielplatz und eine Kinderspielecke eingerichtet. Zum Museum gehören auch der letzte Radschleppdampfer auf dem Rhein, die „Oscar Huber" von 1922, und der Eimerkettendampfbagger „Minden" an der Schifferbörse.

Lastensegler „Goede Verwachting" im Museum der Deutschen Binnenschifffahrt

2 Landschaftspark Duisburg-Nord

Industriegeschichte, Ökologie, Erholung, Freizeit und Kultur – der Landschaftspark Duisburg-Nord ist ein ganz besonderer Park. Den Mittelpunkt bildet die 1985 stillgelegte Meidericher Eisenhütte, die 1902 von August Thyssen gegründet wurde. Auf dem 200 Hektar großen Gelände sind zahlreiche Attraktionen entstanden, beispielsweise der Kletterpark in den alten Erzbunkern. Ein ehemaliger Gasometer bietet Gelegenheit zum Tauchen. Der Besucher kann einen der drei erhaltenen Hochöfen bis auf eine Höhe von 70 Meter besteigen oder an unterschiedlichen Führungen teilnehmen. Auch für Veranstaltungen aller Art hat der Landschaftspark längst einen guten Namen. Wenn die Dunkelheit einsetzt, verwandelt eine Lichtinszenierung des britischen Künstlers Jonathan Park das Hüttenwerk in ein faszinierendes Lichtspektakel.

Lichtinszenierung im Landschaftspark Duisburg-Nord von Jonathan Park

3 Innenhafen Duisburg

Mit Mühlenwerken und Speichern entstand um 1900 am Duisburger Innenhafen das Zentrum des deutschen Getreidehandels. Nach dem Zweiten Weltkrieg verlor der zwischen 1840 und 1844 angelegte Innenhafen seine Bedeutung, in den 1970er Jahren drohte den alten Getreidespeichern der Abriss. Heute gestalten Architekten, Künstler und Stadtplaner das an der historischen Stadtmauer gelegene Gelände zu einem attraktiven Stadtquartier um, das Arbeiten, Wohnen und Freizeit miteinander verbindet. Besondere Attraktionen sind: das MKM Museum Küppersmühle für Moderne Kunst, die Gastronomiezeile, das Kultur- und Stadthistorische Museum sowie die Rundfahrten durch den größten Binnenhafen Europas vom Steiger Schwanentor aus. Maritimes Flair verbreitet die „Marina Duisburg" mit 133 Liegeplätzen, Jachtservice, Sportbootvermietung und anderen Dienstleistungen rund ums Boot.

Das Speichergebäude der Rheinisch-Westfälischen Speditionsgesellschaft RWSG soll als letztes der historischen Gebäude am Duisburger Innenhafen für das Hauptstaatsarchiv des Landes Nordrhein-Westfalen ausgebaut werden. Im Hintergrund links die Schwanentor-Hubbrücke von 1950 und das Kontorhaus von 1914, dessen Umbau 1995 das erste sichtbare Zeichen für den Wandel am Innenhafen setzte.

4 LVR-Industriemuseum Oberhausen

Die Zinkfabrik Altenberg in Oberhausen ist eine der wenigen vollständig erhaltenen Fabrikanlagen der Gründerzeit im Ruhrgebiet. Nach ihrer Schließung im Jahr 1981 übernahm der Landschaftsverband Rheinland 1984 die Bauten der Fabrik und richtete dort den Hauptsitz des LVR-Industriemuseums ein. Seit 1997 wird in der Dauerausstellung „Schwer. Industrie" auf 3500 Quadratmeter Ausstellungsfläche die 150-jährige Geschichte der Eisen- und Stahlindustrie an Rhein und Ruhr gezeigt. Tonnenschwere Kolosse wie beispielsweise Kokillen, Walzen, ein zehn Meter hoher und 53 Tonnen schwerer Dampfhammer oder eine Dampflokomotive vermitteln dem Besucher nachhaltige Eindrücke auf einer staunenswerten Zeitreise durch die Entwicklung der Schwerindustrie. Die 250 Jahre alte Geschichte der ersten Eisenhütte des Ruhrgebiets erzählt das LVR-Industriemuseum in der St.-Antony-Hütte im Stadtteil Oberhausen-Osterfeld.

Eingangshalle des LVR-Industriemuseums Oberhausen mit Anlagen der ehemaligen Zinkfabrik Altenberg

5 Gasometer Oberhausen

Der Gasometer, 1929 als Gas-Zwischenspeicher der Gutehoffnungshütte als größter in Europa errichtet und nach einer Explosion 1946 wieder aufgebaut, wurde 1988 stillgelegt und 1993/94 zur größten und wohl außergewöhnlichsten Ausstellungshalle Europas umgebaut. Spektakuläre Projekte wie 1999 die Installation „The Wall" von Christo und Jeanne-Claude mit 13 000 bunten Ölfässern, die Wasser-Ausstellung „Blaues Gold" oder die Inszenierung „Wind der Hoffnung" zur ersten Non-Stop-Umrundung der Welt mit einem Ballon stellten Besucherrekorde auf und machten den Gasometer zu einem der bekanntesten Symbole des Ruhrgebiets. Abgerundet wird der Besuch des Gasometers durch den grandiosen Blick auf das gesamte westliche Ruhrgebiet vom 117 Meter hohen Dach – erreichbar über einen gläsernen Aufzug im Innern.

Der Gasometer Oberhausen am Rhein-Herne-Kanal

6 Aquarius Wassermuseum, Mülheim an der Ruhr

Der Wasserturm im Mülheimer Stadtteil Styrum wurde 1892/93 von August Thyssen gebaut, um das nahe gelegene Bandeisenwerk mit Wasser zu versorgen. 1912 ging der Turm in den Besitz der RWW Rheinisch-Westfälische Wasserwerksgesellschaft über. 1982 wurde er stillgelegt. Die RWW richtete in dem mittlerweile denkmalgeschützten Gebäude das Aquarius Wassermuseum ein. Es entstand ein mehrfach preisgekröntes, multimediales Museum mit 30 Stationen auf 14 Ebenen, das im Rahmen der Mülheimer Landesgartenschau errichtet wurde. Den Einstieg in die Welt des Wassers eröffnet eine Chipkarte, die als Schlüssel dient für zahlreiche Computersimulationen, Filme und Spiele. Die Ergebnisse vieler Spiel- und Quizfragen können am Schluss individuell ausgedruckt werden. Kleine und große Besucher lernen dabei Wissenswertes über die Bedeutung des Wassers sowie den Umwelt- und Gewässerschutz.

Aquarius Wassermuseum im ehemaligen Wasserturm Mülheim-Styrum

7 Villa Hügel, Essen

Die Villa Hügel diente von 1873 bis 1945 der Industriellenfamilie Krupp als Wohnsitz und Repräsentationsort des Unternehmens. Das Große Haus war einst Hauptwohngebäude der Familie und beherbergt heute die Kulturstiftung Ruhr. Hier werden regelmäßig auch große, überregionale Kunstausstellungen gezeigt. Im Kleinen Haus informiert die „Historische Ausstellung Krupp" über die Geschichte der Familie und des Unternehmens sowie die Förderaktivitäten der Alfried Krupp von Bohlen und Halbach-Stiftung, die auch Eigentümerin der Villa ist. Die repräsentative Parkanlage bietet Gelegenheit zu schönen Spaziergängen.

Villa Hügel, Essen, Gartenseite

8 Nordsternpark, Gelsenkirchen

Die Bundesgartenschau 1997 ermöglichte die Umgestaltung des Geländes der ehemaligen Zeche Nordstern in einen Landschaftspark neuen Typs. Das Besondere: Die Bergbauvergangenheit des Standorts wurde in die Gestaltung einbezogen. Heute prägen die Hauptverwaltung der THS Wohnen GmbH mit den denkmalgeschützten Fördertürmen sowie die rote Stahlbogenbrücke über den Rhein-Herne-Kanal das Gesicht des Parks. Am Kanalufer gibt es eine Freilichtbühne – das Amphitheater. Der benachbarte Fahrgastschiffsanleger verbindet wasserseitig Ankerpunkte der Route der Industriekultur mit dem Nordsternpark. Eine weitere touristische Attraktion im Nordsternpark ist „Der Deutschland-Express", eine der größten Märklin-Modelleisenbahnen der Welt. Darüber hinaus laden das Kinderland, der Klettergarten, der Bergbaustollen, der „Ziegenmichelhof" sowie die Gastronomie zu Aktivitäten und zum Verweilen ein.

Doppelbogenbrücke über den Rhein-Herne-Kanal im Nordsternpark in Gelsenkirchen, Architekten PASD Feldmeier-Wrede, Hagen. Unten die ehemalige Zeche Nordstern

9 Welterbe Zeche und Kokerei Zollverein, Essen

Die Zentralschachtanlage Zollverein XII galt bis zu ihrer Stilllegung 1986 nicht nur als modernste, sondern auch „schönste Zeche der Welt". Erbaut von den renommierten Industriearchitekten Fritz Schupp und Martin Kremmer in den Jahren 1928–32, waren die einheitlichen kubischen Baulememente aus Stahlfachwerk mit Backsteinfüllung lange Vorbild für weitere Industriebauten. Zusammen mit der Kokerei Zollverein und der Gründungsschachtanlage 1/2/8 gehört Schacht XII heute zu den Welterbestätten der Menschheit. Wo früher täglich 12 000 Tonnen Kohle gefördert, aufbereitet und weiter zu Koks veredelt wurden, befindet sich heute auf rund 100 Hektar ein moderner, lebendiger Standort für Kultur und Design. Auf dem Museumspfad Zollverein und der Kokerei Zollverein können die Besucher in die industrielle Vergangenheit eintauchen. Zahlreiche Erlebnisführungen präsentieren Zollverein in all seinen Facetten. Das „red dot design museum" im ehemaligen Kesselhaus beherbergt die weltweit größte Ausstellung zeitgenössischen Designs. Der Kunstschacht Zollverein und das „Phänomania Erfahrungsfeld" auf der Schachtanlage 3/7/10 sind weitere Erlebnisorte. Die Installation „La Primavera" von Maria

Künstlerische Lichtinszenierung an der Kokerei Zollverein von Jonathan Speirs und Mark Major

Nordman im Kesselascheturm bietet eine ungewöhnliche Raumerfahrung, der „Palast der Projekte" von Ilya und Emilia Kabakov im Salzlager der Kokerei lädt in eine Welt der Utopien und Träume ein.

Ab Anfang 2010 ist das Ruhr Museum als Museum für die gesamte Natur- und Kulturgeschichte des Ruhrgebiets in der Kohlenwäsche der Zeche Zollverein eröffnet. Die Dauerausstellung in den imposanten und ganz unterschiedlichen Räumen der Kohlenwäsche präsentiert die faszinierende Geschichte einer der größten Industrieregionen der Welt. In einem integrativen, modernen und populären Konzept erschließt es die Mythen, Bilder und Phänomene des Ruhrgebiets, die ungeheuren Dimensionen der Erdgeschichte, die lange Geschichte vor der Industrialisierung, das Industriezeitalter ebenso wie dessen Folgen und die Perspektiven einer Region im Wandel.

Blick vom Ehrenhof der Schachtanlage Zollverein XII, umringt von markanten Bauten des Architekten Fritz Schupp (1896–1974): links Schachthalle, rechts Werkstattgebäude. Im Hintergrund der Förderturm von Schacht 1, ebenfalls nach einem Entwurf Schupps 1957 entstanden

Das Bock-Fördergerüst der Schachtanlage Zollverein XII, 1930 errichtet, ist das symbolträchtigste Einzelbauwerk des Zollverein-Komplexes.

10 Chemiepark Marl

Chemiebaukasten der Superlative: Die frühere Chemische Werke Hüls AG in Marl hat sich zu einem umfangreichen Dienstleistungs- und Produktionspark verschiedener Anbieter der chemischen Industrie gewandelt. Wer Chemie erleben und verstehen möchte, dem öffnen sich die Werkstore. Im Rahmen von informativen Werksführungen erhalten Besucher einen Einblick in die Welt der chemischen Produktion. Aus der neunten Etage des Hochhauses auf dem Gelände bietet sich ein überwältigender Ausblick auf die gigantischen Werksanlagen, die Stadt Marl, das Ruhrgebiet und das Münsterland. Das Informations-Centrum (IC) am historischen Feierabendhaus zeigt eine Ausstellung zu Geschichte und Gegenwart des Chemiestandorts. Im Restaurant kann man vorzüglich speisen und tagen.

Abenddämmerung über der Lippe und dem Chemiepark Marl

11 Eisenbahnmuseum Bochum-Dahlhausen

Mit über 180 Fahrzeugen aus der Zeit von 1853 bis 1964 gehört das Eisenbahnmuseum heute zu den größten seiner Art in Deutschland. Einige Fahrzeuge sind betriebsfähig. In einem original erhaltenen Betriebswerk mit Ringlokschuppen und dazugehörigen Anlagen, 1916–18 von den Preußischen Staatsbahnen erbaut, kann man sie alle sehen: die kleine Industriebahnlok ebenso wie den eleganten Schnellzug-Renner. An Sonn- und Feiertagen pendelt ein historischer Triebwagen zwischen dem Museum und dem liebevoll geflegten Bahnhof Dahlhausen, der zwischen 1913 und 1916 im „Bergischen Heimatstil" errichtet wurde. Vom Museum werden zahlreiche Sonderveranstaltungen und Fahrten mit dem historischen Zug angeboten. Auf der Ruhrtalstrecke verkehrt der Dampfzug vom Eisenbahnmuseum bis Hagen Hauptbahnhof planmäßig an jedem ersten Sonntag der Monate April bis November, außerdem jeden Freitag und Sonntag von Mai bis Oktober ein Schienenbus. An jedem dritten Sonntag von April bis Oktober können die Besucher auf dem Führerstand einer kohlegefeuerten Dampflok mitfahren und dabei Heizer und Lokführer bei der Arbeit zusehen.

Schnellzug-Dampflokomotive 01 008 im historischen Rundlokschuppen des Eisenbahnmuseums Bochum-Dahlhausen

12 Jahrhunderthalle Bochum

Kathedrale der Industriekultur: Die eindrucksvolle Halle wurde als Ausstellungshalle des „Bochumer Vereins" für die Düsseldorfer Gewerbeausstellung 1902 gebaut und anschließend als Gebläsehalle für die Hochöfen im Bochumer Gussstahlwerk genutzt. Die luftige Stahlkonstruktion gilt als eines der ersten Beispiele für einen rein zweckbestimmten Ingenieurbau. Die bis 1929 mehrfach erweiterte, 8900 Quadratmeter große Halle erhielt als dreischiffige Basilika aber auch einen sakralen Charakter. 1993 wurde sie saniert. Seitdem wird sie für verschiedenste Veranstaltungen genutzt. Zugleich ist sie Zentrum des neuen Westparks. Das Projekt Westpark Bochum erschließt einen innenstadtnahen Bereich, der bis dahin für die Stadtplanung zur „verbotenen Stadt" gehörte. Der Westpark ist durch seine Nähe zum Zentrum in ein imposantes Gestaltungskonzept integriert. Er ist Teil eines stadtübergreifenden Radwegenetzes, Erlebnislandschaft sowie Naherholungsgebiet für die umliegenden Wohnquartiere. Seit dem Abschluss umfangreicher Umbaumaßnahmen im Jahr 2003 nutzt das Musik- und Theaterfestival „Ruhrtriennale" die Jahrhunderthalle als Festspielhaus und zentrale Spielstätte.

Jahrhunderthalle Bochum mit dem neuen Foyergebäude, Architekten Petzinka Pink, Düsseldorf (oben). Unten das Innere der 1902 erbauten Ausstellungshalle

13 Henrichshütte, Hattingen

Die 1853 gegründete Henrichshütte steht für den Beginn, die Blüte und den Niedergang der Schwerindustrie im Ruhrgebiet. Bis zu 10 000 Menschen waren in den verschiedenen Betrieben der Hütte mit der Koks-, Eisen- und Stahlproduktion, dem Walzen, Schmieden und Gießen beschäftigt. Gegen den erbitterten Widerstand einer ganzen Region wurde 1987 Hochofen 3, der älteste im Revier, ausgeblasen. Heute ist die ehemalige Hütte einer von insgesamt acht Standorten des LWL-Industriemuseums. Rundwege für Erwachsene und Kinder erschließen das 50 000 Quadratmeter große Museumsgelände. Auf Fotos, in Filmen und Interviews begegnen Museumsgäste Menschen, die über ihre Arbeit auf der Hütte berichten. Eine Schaugießerei, Abendführungen mit Kulturprogramm, Vorträge und Sonderausstellungen ergänzen das vielfältige Angebot. Seit Sommer 2004 verfügt das Industriemuseum mit der Gebläsehalle – einst Kraftzentrale der Hütte – außerdem über einen attraktiven neuen Veranstaltungsort.

Der 1939 erbaute Hochofen III der Henrichshütte in Hattingen ist der älteste noch erhaltene Hochofen des Ruhrgebiets.

14 Umspannwerk Recklinghausen

Das „Museum Strom und Leben" im ehemaligen Umspannwerk Recklinghausen nimmt seine Besucher mit auf eine Zeitreise durch die Geschichte der Elektrizität. Auf 2000 Quadratmeter Ausstellungsfläche wird ihre Kultur-, Sozial- und Technikgeschichte dargestellt. Nach einer Einführung in das Phänomen Strom verdeutlichen Turbine, Dampfmaschine und Wasserturbine die verschiedenen Möglichkeiten der Stromerzeugung. Eine historische Platzsituation dokumentiert den Stand der Elektrifizierung in den 1930er Jahren. Beispiele aus Industrie, Gewerbe, Landwirtschaft und Haushalt zeigen, wie der Strom Alltag und Arbeitswelt grundlegend veränderte. Im historischen Teil des 1928 gebauten Umspannwerks wird die Technik der Elektrizitätsverteilung erläutert. Spielerische Experimente zur Stromerzeugung, eine alte Straßenbahn, ein elektrisches Klavier, ein Kino und viele kleine und große Objekte mehr laden zum Ausprobieren und Staunen ein. An vielen Stationen im Museum ist Anfassen erwünscht.

Umspannwerk Recklinghausen der „Vereinigten Elektrizitätswerke Westfalen" (VEW), erbaut 1927/28

15 Deutsches Bergbau-Museum Bochum

Größtes Bergbau-Museum der Welt: Weithin grüßt das Fördergerüst der ehemaligen Dortmunder Zeche Germania über dem Deutschen Bergbau-Museum Bochum. Mit dem Förderkorb kann der Besucher hinauffahren und weite Teile des Ruhrgebiets überblicken. Erbaut wurde das Museumsgebäude in den 1930er Jahren von dem bedeutenden Industriearchitekten Fritz Schupp. Heute beherbergt es umfangreiche montanhistorische Sammlungen, die in verschiedenen Abteilungen und Sonderausstellungen die weltweite Bergbaugeschichte erzählen. Eine besondere Attraktion ist das Anschauungsbergwerk unter dem Museum mit einem Streckennetz von circa 2,5 Kilometer Länge. Hautnah vermittelt wird der grundlegende Wandel der Arbeit des Bergmanns unter Tage.

Das Deutsche Bergbau-Museum Bochum mit dem Förderturm der ehemaligen Zeche Germania

16 Zeche Nachtigall und das Muttental, Witten

Im Wittener Muttental grub man früh nach dem „schwarzen Gold" – zunächst in Stollen, dann von senkrechten Schächten aus. Nachtigall ist eine der ersten Zechen, in denen der Übergang zum Tiefbau erfolgte. 1892 stellte die Zeche die Kohleförderung ein. Anschließend siedelte sich auf dem Gelände eine Ziegelei an. Der heutige Standort des LWL-Industriemuseums wurde nach Restaurierung der denkmalgeschützten Zechen- und Ziegeleigebäude im Mai 2003 offiziell eröffnet. Zu den Attraktionen zählen das Besucherbergwerk Nachtigallstollen und der Nachbau eines 160 Jahre alten Kohlenschiffs in Originalgröße. Gleich nebenan: das Gruben- und Feldbahnmuseum auf der ehemaligen Zeche Theresia. Der ausgeschilderte Bergbaurundweg Muttental führt in die Geschichte des frühen Bergbaus ein. Zu besichtigen ist unter anderem das „Bethaus" der Bergleute, wo Besucher nach alter Tradition bergmännische Gerätschaften schmieden können.

Maschinenhaus der Zeche Nachtigall in Witten mit dem dahinter liegenden Ringofen des Nachfolgebetriebs Ziegelei Dünkelberg

17 Zeche Zollern, Dortmund

Die zwischen 1898 und 1910 errichtete Zeche Zollern war bei ihrer Einweihung die Musterzeche der Gelsenkirchener Bergwerks AG. Mit herrschaftlicher Architektur und modernster Technik dokumentiert die Anlage den Übergang vom Historismus zum Jugendstil, der unter anderem Ausdruck fand in den Marmorschalttafeln und im Portal der Maschinenhalle, dem 1902 von Bruno Möhring und Reinhold Krohn errichteten Stahl-Glas-Bau. Seit 1969 unter Denkmalschutz, ist die Zeche heute Zentrale des LWL-Industriemuseums des Landschaftsverbands Westfalen-Lippe. Dauer- und Sonderausstellungen in den restaurierten Tagesanlagen vermitteln Erwachsenen wie Kindern Einblicke in die Arbeit eines Bergwerks in der ersten Hälfte des 20. Jahrhunderts. Wie Bergarbeiterfamilien lebten, erfahren Besucher in der Siedlung vor den Zechentoren.

Zeche Zollern II/IV in Dortmund, Verwaltungsgebäude mit den beiden Fördertürmen

18 Schiffshebewerk Henrichenburg, Waltrop

Das Schiffshebewerk Henrichenburg wurde am 11. August 1899 von Kaiser Wilhelm II. eingeweiht. Es war bis 1970 in Betrieb, um den Höhenunterschied des Dortmund-Ems-Kanals von 14 Meter zu überwinden. Ergänzt und teilweise ersetzt wurde das alte Schiffshebewerk durch eine Schachtschleuse von 1908/14, stillgelegt 1989, das neue Schiffshebewerk von 1958/62 sowie die neue Schleuse von 1989. Im „Schleusenpark Waltrop" gibt es somit ein in Europa einzigartiges Ensemble der Hebewerkstechnik zu bestaunen.

Heute ist das alte Schiffshebewerk, der „Aufzug für schwimmende Riesen", ein Standort des LWL-Industriemuseums. Das Museum bietet Einblicke in die Geschichte der Binnenschifffahrt und des Kanalwesens. In der Maschinenhalle können die Besucher die Welt der Technik und des Dampfs entdecken. Die Lebens- und Arbeitswelt der Schiffer lernt man an Bord eines Museumsschiffs kennen. Stationen auf einem Spaziergang am Oberwasser sind: historische Schiffe und Arbeitsgeräte, Helling, Anleger und Verladestelle, Hafenkräne und Hubbrücke.

Altes Schiffshebewerk Henrichenburg im Schleusenpark Waltrop

19 Deutsche Arbeitsschutzausstellung, Dortmund

„Mensch, Arbeit, Technik" lautet das Motto der Deutschen Arbeitsschutzausstellung (DASA). Auf über 13 000 Quadratmeter Ausstellungsfläche können die Besucher einen spannenden Ausflug in die Arbeitswelt von gestern, heute und morgen unternehmen. Es erwartet sie eine multimediale Erlebniswelt. Anschaulich vermittelt die Ausstellung, welchem Wandel die Arbeitswelt in den letzten Jahrzehnten ausgesetzt war. Dabei spannt sie einen Bogen von der klassischen Fabrikarbeit bis zum Umgang mit modernen Informations- und Kommunikationstechniken. Ob Webstuhl, Flugzeug-Cockpit oder das größte Notebook der Welt: Die Besucher der Ausstellung können überall ausprobieren und experimentieren.

20 Kokerei Hansa, Dortmund

Die Zentralkokerei Hansa ist die letzte erhaltene von 17 Kokereien, die während des Rationalisierungsschubs in den 1920er Jahren entstanden. Als Zentralkokerei war sie Teil eines Produktionsverbundes von Bergwerk, Kokerei und Hüttenwerk. 1992 stillgelegt, befindet sich Hansa heute in der Obhut der Stiftung Industriedenkmalpflege und Geschichtskultur. Als „begehbare Großskulptur" gewährt die Anlage ungewöhnliche Einblicke in eine vergangene Industrieepoche und eine sich ständig wandelnde Industrienatur. Ein Erlebnispfad führt die Besucher unter anderem zu der imposanten Kompressorenhalle mit ihren riesigen Maschinen und auf den Kohlenturm, der einen faszinierenden Panoramablick auf Dortmund bietet.

21 Freilichtmuseum Hagen

Das Freilichtmuseum Hagen vermittelt Einblicke in Handwerk und Technik des ausgehenden 18. und des 19. Jahrhunderts. Etwa 60 Handwerks- und Gewerbebetriebe sowie Dauerausstellungen können die Besucher auf dem rund 42 Hektar großen Gelände im Mäckingerbachtal besichtigen. In zahlreichen Vorführbetrieben wird auf der Grundlage historischer Handwerkstechniken geschmiedet, gebacken, gedruckt und gebraut. Vor den Augen der Besucher entstehen so Nägel, Seile, Papier, Zigarren, Bier und Brot, und es werden Kaffeebohnen geröstet. Außerdem im vielfältigen Museumsangebot: Sonderausstellungen und -veranstaltungen sowie museumspädagogische Programme. Träger des 1963 gegründeten Museums ist der Landschaftsverband Westfalen-Lippe.

Eingangsgebäude der Deutschen Arbeitsschutzausstellung in Dortmund-Dorstfeld

Industrienatur im Koks-Abdrückgleis der Kokerei Hansa in Dortmund

Freilichtmuseum Hagen, Museumsdorf

22 Hohenhof, Hagen

Der Hohenhof ist ein Baudenkmal von europäischem Rang. Er wurde 1906–08 von Henry van de Velde als Wohnhaus für die Familie Osthaus erbaut. Das Gebäude gilt als eines der wenigen erhaltenen „Gesamtkunstwerke" des Jugendstils. Nach dem Willen von Karl Ernst Osthaus, Gründer des Folkwangmuseums, sollte der Hohenhof als Zentrum der Künstlerkolonie Hohenhagen dienen, die jedoch nur in Ansätzen realisiert wurde. Nach wechselvoller Geschichte beherbergt das Haus heute, neben den in der ursprünglichen Form erhaltenen und rekonstruierten Räumen, das Museum des „Hagener Impulses". Zu der Villa gehört ein historischer Park. Der Hohenhof ist eine Abteilung des Osthaus Museums der Stadt Hagen.

Der Hohenhof in Hagen, ehemaliges Wohnhaus des großen Kunstmäzens Karl Ernst Osthaus, entworfen von Henry van de Velde

23 Lindenbrauerei, Unna

Bier: ein Mythos im Ruhrgebiet. Mit Kohle und Stahl bildete es lange den historischen Dreiklang der Region. Die Lindenbrauerei gehört zu den traditionsreichsten Braustätten des Reviers. Ab 1859 in mehreren Abschnitten erbaut, wurden dort bis 1979 die bekannten Linden-Biere gebraut. Nach ihrer Schließung im Zuge wachsender Konzentration in der Brauerei-Industrie wandelte sich die Lindenbrauerei zu einem Kunst- und Kulturzentrum mit mehreren Gastronomien. Unter Tage jedoch, in den ehemaligen Kühlgewölben der alten Braustätte, öffnet sich eine geheimnisvolle Welt aus Licht und Schatten. Hier präsentiert das „Zentrum für Internationale Lichtkunst", das im Mai 2001 eröffnet wurde, Installationen unter anderem von Mischa Kuball, Christina Kubisch, Mario Merz, François Morellet, Keith Sonnier, James Turrell und Rebecca Horn. Oberirdisch bietet das Zentrum für Information und Bildung (zib) ein vielfältiges Kultur- und Bildungsangebot.

Lindenbrauerei Unna. Die „Fibonacci-Reihe" von Mario Merz am Schornstein ist Teil des Zentrums für Internationale Lichtkunst in den ehemaligen Kühlgewölben. Die nach Leonardo Fibonacci (um 1180–nach 1241) benannte Reihe ist eine unendliche Folge von Zahlen, bei der sich die jeweils folgende Zahl durch Addition der beiden vorherigen ergibt.

24 Maximilianpark Hamm

Der beliebte Freizeitpark auf der ehemaligen Zeche Maximilian entstand 1984 als Landesgartenschau und hat bis heute nichts von seiner Anziehungskraft verloren. Sein Wahrzeichen ist der gläserne Elefant – die zu einer begehbaren Plastik verwandelte ehemalige Kohlenwäsche. Zu seinen Füßen liegen auf 22 Hektar farbenfrohe Blumenlandschaften, schattenspendende Waldbereiche und außergewöhnliche Spielflächen. Besondere Attraktion: das Schmetterlingshaus mit frei fliegenden Faltern aus tropischen Regionen. In den ehemaligen Zechengebäuden wie Waschkaue oder Elektrozentrale wird heute ein vielfältiges Kultur- und Unterhaltungsprogramm geboten.

Glaselefant als Umbau der ehemaligen Kohlenwäsche im Maximilianpark Hamm

Panoramen der Industrielandschaft

Aussichtspunkte – im flachen nördlichen Ruhrgebiet meist auf Bergehalden, im Ruhrtal auf natürlichen Erhebungen – als in die Route eingegliederte „Panoramen der Industrielandschaft" verschaffen dem Betrachter Orientierung im vielfach verwirrenden Raumgefüge des Ruhrgebiets. Sie sind jeweils mit erklärenden Tafeln ausgestattet.

Zahlreiche Halden wurden und werden von Künstlern gestaltet, als Land Art, Großskulptur, Lichtkunst oder Klanginstallation. Besonders die „Panoramen der Industrielandschaft" wurden neu gestaltet und mit weit sichtbaren Skulpturen markiert. Die 14,5 Meter hohe Stahlskulptur von Richard Serra auf der Essener Schurenbachhalde ist das wohl bekannteste Beispiel. Eine besondere Rolle spielt das Thema Lichtkunst auf der Route, nicht nur im Ankerpunkt Lindenbrauerei. Hochöfen, Fördertürme, Schornsteine und Gasspeicher werden nachts zu weit sichtbaren Lichtskulpturen. Künstlerische Kommentare in der Form der „Nachtgestalt" verfremden historische Orte und öffnen neue Sichtweisen auf eine scheinbar bekannte Vergangenheit. Sie unterbinden zugleich den Versuch nostalgischer Rückwendung und betonen den Unterschied von Vergangenheit und Gegenwart.

In ihrer Gesamtheit erzählt die Route der Industriekultur die große Geschichte von Entstehung, Aufstieg und Wandel einer Industrieregion: ihre Anfänge im frühen Bergbau und der Metallverarbeitung im Ruhrtal, ihren Höhepunkt mit den Tiefbauzechen, Kokereien, Hochöfen und der Schwerindustrie und ihren weitgehenden Abschluss in der Bergbau- und Stahlkrise, im Wandel zur Dienstleistungsgesellschaft und in der Umwandlung von Industrieanlagen zu Denkmalen. Sie macht aber auch deutlich, dass es in einzelnen Branchen und Teilregionen, namentlich im Duisburger Raum, durchaus noch eine lebendige Gegenwart (und Zukunft) von Industrie gibt. Nichts macht dies anschaulicher als ein Besuch des in die Straßen- und Radwegroute integrierten Alsumer Bergs, eines unmittelbar am Rhein gelegenen „Panoramas der Industrielandschaft", das, zumindest in Westeuropa, den wohl spektakulärsten Blick auf eine aktive Industrielandschaft bietet.

25 *Halde Pattberg, Moers*

Aus Aufschüttungen des gleichnamigen Bergwerks entstanden, ist die Halde eine beherrschende Landmarke in der flachen niederrheinischen Landschaft. Ort: Pattbergstraße.

26 *Halde Rheinpreußen, Moers*

Eine 90 Tonnen schwere überdimensionale Grubenlampe krönt als Landmarke die Halde Rheinpreußen. Die begehbare, 30 Meter hohe Lichtinstallation „Geleucht" des Künstlers Otto Piene ist eine Hommage an die Bergbau-Vergangenheit der Region. Über 60 Lampen lassen den Außenkörper erstrahlen. Das Landschaftsbauwerk wird im Sommer von etwa 21 bis 24 Uhr und im Winter zwischen 19 und 24 Uhr illuminiert. Ort: Gutenbergstraße/Ecke Römerstraße.

27 *Alsumer Berg, Duisburg*

Von der ehemaligen Schuttdeponie bietet sich einer der interessantesten Rundblicke auf das Ruhrgebiet, das unmittelbar zu Füßen liegende Hüttenwerk, den Rhein und die linksrheinische Auenlandschaft. Ort: Alsumer Straße.

28 *Halde Haniel, Bottrop*

Eine Installation des spanischen Bildhauers Agustín Ibarrola auf dem Haldenplateau führt die scheinbaren Gegensätze von Industrieraum und Natur zusammen. Ort: Fernewaldstraße.

29 *Tetraeder, Bottrop*

Die 60 Meter hohe Halde der Zeche Prosper ist eine der wichtigsten Landmarken der Region: mit dem 1995 errichteten Stahl-Tetraeder von Wolfgang Christ, einer begehbaren Pyramide, als Krone. Nachts verwandelt sich die Spitze in ein weithin sichtbares Lichtzeichen. Ort: Beckstraße.

30 *Schurenbachhalde, Essen-Altenessen*
Die 15 Meter hohe stählerne „Bramme für das Ruhrgebiet" des Bildhauers Richard Serra zählt zu den markantesten Landmarken im Ruhrgebiet. Ort: Emscherstraße/Nordsternstraße.

31 *Halde Rungenberg, Gelsenkirchen*
Ihre pyramidale Form verdankt sie einer betont künstlichen Schüttung. Die Strahlen der Lichtplastik „Nachtzeichen" formen bei Dunkelheit eine zweite Pyramide am Himmel. Ort: Horster Straße.

32 *Halde Rheinelbe, Gelsenkirchen-Ückendorf*
Der Künstler Herman Prigann hat auf der Haldenspitze eine weithin sichtbare „Himmelstreppe" aus mächtigen Betonblöcken errichtet. Ort: Leithestraße.

33 *Halden Hoheward/Hoppenbruch, Herten*
Während auf der Halde Hoppenbruch diese Windenergieanlage errichtet wurde, krönen auf der Halde Hoheward weithin sichtbar die beiden Stahlbögen des spektakulären „Horizont-Observatoriums" die Haldenlandschaft. Nicht weniger beeindruckend ist die Horizontal-Sonnenuhr mit dem rund neun Meter hohen Obelisken als Zeiger und Schattenwerfer auf dem östlichen Haldenplateau. Ort: Im Emscherbruch.

34 *Halde Schwerin, Castrop-Rauxel*
Den Gipfel der 1994 neu gestalteten Halde krönt die riesige „Sonnenuhr" von Jan Bormann. Als begehbare Plastik aus Edelstahlstelen macht sie die Halde zu einem symbolischen Ort, der zur Landmarke in der Region geworden ist. Ort: Bodelschwingher Straße.

35 *Berger-Denkmal auf dem Hohenstein, Witten*
Der Besucher hat einen wundervollen Ausblick auf das Ruhrtal mit dem Ardey-Durchbruch und dem lang gestreckten Eisenbahnviadukt. Ort: Hohenstein.

36 *Hohensyburg, Dortmund*
Vom 1902 eingeweihten Kaiser-Wilhelm-Denkmal hat man einen schönen Ausblick auf das Ruhrtal, die Lennemündung und den Hengsteysee. Ort: Hohensyburgstraße.

37 *Fernsehturm „Florian", Westfalenpark Dortmund*
Seit der Bundesgartenschau 1959 eines der populärsten Dortmunder Wahrzeichen. Von der Aussichtsplattform (Höhe: 140 Meter) und aus dem Drehrestaurant bietet sich ein atemberaubender Fernblick. Ort: Florianstraße.

38 *Halde Großes Holz, Bergkamen*
Vom Aussichtspunkt auf der „Adener Höhe", in 148 Meter Höhe, überblickt man weite Teile des östlichen Ruhrgebiets. Ort: Erich-Ollenhauer-Straße.

39 *Kissinger Höhe, Hamm-Herringen*
Nach der Schüttung in den Jahren 1974–98 wurden 17 Kilometer Wanderwege angelegt und Tausende Bäume und Sträucher angepflanzt. Ort: Zum Bergwerk.

Neben diesen Panoramen sind auch an einigen Ankerpunkten markante Aussichtspunkte vorhanden, die Überblicke über den jeweiligen Standort und seine siedlungsstrukturelle Einbindung geben:

- Landschaftspark Duisburg-Nord (Hochofen 5)
- Gasometer Oberhausen (Dachplattform mit Panoramaaufzug)
- Aquarius Wassermuseum (mit Aufzug)
- Nordsternpark (Pyramide)
- Welterbe Zollverein (Dachterrasse Kohlenwäsche, künftig Ruhr Museum und Besucherzentrum Ruhr, mit Aufzug)
- Fördergerüst Zollverein 3/7/10 (Phänomania Erfahrungsfeld)
- Chemiepark Marl (Laborhochhaus mit Aufzug)
- Henrichshütte, Hattingen (Hochofen mit Aufzug)
- Deutsches Bergbau-Museum Bochum (Fördergerüst mit Aufzug)
- Zeche Zollern (Fördergerüst)
- Maximilianpark Hamm (Glaselefant mit Aufzug)

Auf dem nördlichen Gipfelplateau der Halde Hoheward in Herten wurde 2008 ein „Horizont-Observatorium" errichtet. Es ist eine moderne Version vorgeschichtlicher astronomischer Steinkreise wie im südenglischen Stonehenge. Über eine kreisrunde Fläche von rund 95 Meter Durchmesser und ein in der Mitte abgesenktes Forum, das als Beobachtungspunkt dient, spannen sich zwei Stahlbögen mit einem Radius von etwa 45 Meter. Der eine repräsentiert den Meridian, der andere den Himmelsäquator. Mithilfe von Peilmarken kann man zum Beispiel den Auf- und Untergang der Sonne zur Sommer- und Wintersonnenwende sowie weitere astronomische Phänomene beobachten.

Bedeutende Arbeitersiedlungen

Für die soziale Geschichte der Region und für die städtebauliche Gegenwart sind die vielfältigen Arbeitersiedlungen von hohem Interesse. Das Spektrum reicht von der ältesten Arbeitersiedlung Westfalens, der „Langen Riege" für die Eilper Klingenschmiede aus dem Jahr 1665, über die wohl bekannteste frühindustrielle Siedlung Eisenheim, ab 1846 für die Arbeiter der späteren Gutehoffnungshütte in Oberhausen errichtet, bis hin zu den herausragenden gartenstädtischen Anlagen wie Welheim in Bottrop oder Teutoburgia in Herne, beide kurz vor dem Ersten Weltkrieg entstanden. Natürlich zählt hierzu auch die wohl bedeutendste und größte Gartenstadt-Siedlung, die Margarethenhöhe im Essener Süden. Hier kann der Besucher einen ungeschminkten Blick in das Leben der Region werfen, auch in der attraktiven Eckkneipe oder im Biergarten. Eine Auswahl von 13 herausragenden Siedlungen ist in das Kernsystem der Route einbezogen, weitere werden in einer speziellen Themenroute präsentiert.

40 *Alt-Siedlung Friedrich-Heinrich, Kamp-Lintfort*

Die größte Werkssiedlung (76 Hektar) der Region entstand ab 1909. Sie folgt den Prinzipien der Gartenstadt. Ort: Ebertstraße.

41 *Siedlung Rheinpreußen, Duisburg-Homberg*

Ab 1903 für die Arbeiter der „Gewerkschaft Rheinpreußen" angelegt. Fassaden- und Dachgestaltung sowie die aufgelockerte Anordnung der Gebäude deuten eine Abkehr von den schematischen Arbeiterkolonien des 19. Jahrhunderts an. Ort: Rheinpreußenstraße.

42 *Siedlung Eisenheim, Oberhausen*

Die älteste Arbeitersiedlung des Ruhrgebiets entstand ab 1846 für die Beschäftigten der späteren Gutehoffnungshütte. 38 verbliebene Häuser wurden saniert und stehen heute unter Denkmalschutz. Ort: Eisenheimer Straße.

43 *Margarethenhöhe, Essen*

Die als Stiftung Margarethe Krupps nach den Planungen des renommierten Architekten Georg Metzendorf entstandene Gartenstadt gilt als bekannteste und schönste Siedlung des Ruhrgebiets. Entstand in zwei Bauabschnitten: 1909–33 und 1934–38. Ort: Kleiner Markt.

44 *Gartenstadt Welheim, Bottrop*

Sie ist mit 580 Gebäuden eine der größten Gartenstadt-Siedlungen im nördlichen Ruhrgebiet. Zwischen 1914 und und 1923 entstanden und in den letzten Jahren vorbildlich saniert. Das einheitliche äußere Erscheinungsbild trotz individueller Haustypen ist mit viel Grün durchsetzt. Ort: Mathias-Stinnes-Platz.

45 *Altenhof II, Essen*

Die Siedlung war Teil einer späteren Phase des umfangreichen Krupp'schen Werkswohnungsbaus. Sie entstand 1907–14 für Alte, Invalide und Alleinstehende. Ort: Von-Bodenhausen-Weg.

46 *Siedlung Schüngelberg, Gelsenkirchen-Buer*

Die Siedlung verbindet eine beispielhafte Sanierung des Altbaubestands mit einem bemerkenswerten Neubauprojekt und gilt als Glanzstück der IBA Emscher Park. Ort: Schüngelbergstraße/Holthauser Straße.

47 *Flöz Dickebank, Gelsenkirchen-Ückendorf*

Die um 1870 angelegte Siedlung ist ein Beispiel für den frühen Zechensiedlungsbau. Ende der 1970er Jahre kämpften ihre Bewohner erfolgreich gegen den Abriss. Ort: Flöz Dickebank.

48 *Dahlhauser Heide, Bochum-Hordel*

Die Siedlung wurde 1907–15 für die Bergleute der Krupp-Zechen Hannover und Hannibal errichtet. Die Planungen orientierten sich am Siedlungstyp der Gartenstadt. Ort: Hordeler Heide.

49 *Teutoburgia, Herne-Börnig*

Nach den Reformideen der Gartenstadt 1909–23 entstandene Siedlung mit 136 Gebäuden. Erstbesitzer war der „Bochumer Verein". Heute vorbildlich saniert. Abwechslung und Individualität machen den Reiz dieser sehenswerten Siedlung aus, es gibt zahlreiche Haustypen in den verschiedensten Baustilen, überragt vom Förderturm der ehemaligen Zeche. Ort: Teutoburgiastraße.

50 *Lange Riege, Hagen-Eilpe*

Die Lange Riege, einst Wohn- und Werkstätte der Eilper Klingenschmiede, wurde 1665 vom Großen Kurfürsten errichtet. Ort: Riegestraße.

51 *Alte Kolonie Eving, Dortmund*
Die Siedlung entstand 1898–1900 für die Bergleute der Zeche Minister Stein. Den Mittelpunkt bildet das sogenannte Wohlfahrtsgebäude. Ort: Nollendorfplatz.

52 *Ziethenstraße, Lünen*
Die 52 Häuser der Siedlung wurden Ende des 19. Jahrhunderts für die Bergleute der Zeche „Preußen" errichtet. Eines der ansehnlichsten Beispiele früher Kolonien. Ort: Ziethenstraße.

Themenrouten

Die gestaffelten Informationen zur Route der Industriekultur ergeben ein analytisches Raster. Die meist lokalen, teilregionalen oder thematisch aufgebauten Routen verdeutlichen Zusammenhänge, Gleichzeitigkeiten und Ungleichzeitigkeiten, Abhängigkeiten und Auswirkungen von Räumen oder Industriezweigen. Sie bringen Entwicklungen und Ereignisse in zeitliche Abfolgen:

1. Duisburg: Stadt und Hafen
2. Industrielle Kulturlandschaft Zollverein
3. Duisburg: Industriekultur am Rhein
4. Oberhausen: Industrie macht Stadt
5. Krupp und die Stadt Essen
6. Dortmund: Dreiklang Kohle, Stahl und Bier
7. Industriekultur an der Lippe
8. Erzbahn – Emscherbruch
9. Industriekultur an Volme und Ennepe
10. Sole, Dampf und Kohle – Industriekultur in Hamm und im Kreis Unna
11. Frühe Industrialisierung
12. Geschichte und Gegenwart der Ruhr
13. Auf dem Weg zur blauen Emscher
14. Kanäle und Schifffahrt
15. Bahnen im Revier
16. Westfälische Bergbauroute
17. Rheinische Bergbauroute
18. Chemie, Glas und Energie
19. Arbeitersiedlungen
20. Unternehmervillen
21. Brot, Korn und Bier
22. Mythos Ruhrgebiet
23. Historische Parks und Gärten
24. Industrienatur
25. Landmarken-Kunst

Von den etwa 900 Standorten, die von diesen Themenrouten erfasst werden, sind rund 350 mit Informationstafeln versehen, die eine historische Kurzinformation enthalten und in ihrer einheitlichen grafischen Gestaltung die Zuordnung zur Route erkennbar machen. Alle Standorte sind im Internetauftritt der Route sowie in den Themenrouten-Broschüren ausführlicher beschrieben.

Reinhold Budde
Dipl.-Ing., geb. 1950 in Witten, Studium der Raumplanung in Dortmund. Seit 1979 beim Regionalverband Ruhr tätig, dort seit 2008 zuständig für RVR – Route der Industriekultur.

Peter Drecker
geb. 1952, Dipl.-Ing., Landschaftsarchitekt und Inhaber eines Büros für Umwelt- und Freiraumplanungen. Seit 2009 Lehrbeauftragter für Nachhaltigkeit in der Landschaftsplanung an der Fachhochschule Münster.

Axel Föhl
geb. 1947 in Coburg, Studium der Geschichte, Anglistik und Technikgeschichte. Seit 1974 im Rheinischen Amt für Denkmalpflege zuständig für Industriedenkmale; Sprecher der bundesweiten Arbeitsgruppe Industriedenkmalpflege.

Roland Günter
geb. 1936, Hochschullehrer für Kultur- und Kunstgeschichte, Schriftsteller. Als wissenschaftlicher Referent im Landesdenkmalamt 1965–70 Pionier der Industriedenkmalpflege im Ruhrgebiet.

Heinz-Dieter Klink
geb. 1944, Jurist, 1978–1985 Hauptamtsleiter in Gelsenkirchen, danach Stadtkämmerer in Dorsten, Erster Beigeordneter in Dorsten, seit 2005 Direktor des Regionalverbands Ruhr.

Ursula Mehrfeld
geb. 1964, studierte Kunstgeschichte, Neuere Geschichte und Germanistik in Bochum. Seit 1997 Mitarbeiterin der Stiftung Industriedenkmalpflege und Geschichtskultur in Dortmund, seit 2002 dort Geschäftsführerin.

Hans-Peter Noll
geb. 1959, Prof. Dr., Vorsitzender der Geschäftsführung der RAG Montan Immobilien GmbH, Honorarprofessor am Geografischen Institut der Ruhr-Universität Bochum, Vorstandsmitglied der Stiftung Industriedenkmalpflege und Geschichtskultur in Dortmund.

Bibliografische Information der Deutschen Bibliothek
Die Deutsche Bibliothek verzeichnet diese Publikation in der Deutschen Nationalbibliografie; detaillierte bibliografische Daten sind im Internet über http://dnb.ddb.de abrufbar.

ISBN 978-3-8319-0383-2

Lektorat: Annette Krüger, Hamburg
Assistenz: Simone Winkens, Hamburg
Gestaltung: Büro Brückner + Partner, Bremen
Lithografie: SMS Scheer Medien Service GmbH, Bremen
Druck: Girzig + Gottschalk, Bremen
Bindung: Buchbinderei S.R. Büge GmbH, Celle

Bildnachweis
Archiv Ellert & Richter, Hamburg: S. 9
Josef Bieker, Lünen: S. 12/13, 44 u. r., 45
Bildarchiv Preußischer Kulturbesitz, Berlin: S. 10, 22, 24 u.; S. 15 (kpa/Erich Andres); 28 l. (Kunstbibliothek, SMB/Rudolf Dührkoop); S. 31 u. (Lochmüller); S. 29 r. (Jochen Moll); S. 19 o. (Heinz Schneider)
Reinhold Budde, Essen: S. 11 u. l., 11 u. r., 81 l., 81 r., 83 l., 83 M. u., 84 l., 85 M., 85 r. u., 86 M., 86 r., 87 l., 87 r., 89 l., 89 r.
Peter Drecker, Bottrop-Kirchhellen: S. 76 (alle), 77 (alle)
Reinhard Felden: Rückseite o. r. + u. r., S. 11 o., 11 u. M., 14 (alle), 20, 20/21, 22/23, 24 o., 25, 26/27, 28 r., 29 l., 30, 32, 33, 34/35, 36/37, 40/41, 41, 43 (alle), 44 o., 44 u. l., 46/47, 48/49, 81 M., 82 M., 82 r., 83 M. o., 84 r., 85 l., 85 r. o., 86 l., 87 M., 88 r., 91 o. l., 92/93, 94 (alle), 95
Dieter Golland, Oberhausen: S. 88 l., 90 l.
Jens Haun, Bochum: S. 39 r., 83 r.
Willy van Heekern, Abbruch der Ende August 1928 stillgelegten Zeche Johann Deimelsberg, Essen 1928, © Fotoarchiv Ruhr Museum: S. 39 M.
Historisches Archiv Krupp, Essen: S. 19 u.
Rudolf Holtappel, Oberhausen: S. 18 u. r.
Peter Liedtke, Herne: S. 75 (alle)
Roman Mensing/artdoc.de: S. 54 o.
Mario Merz: Fibonacci Reihe, 2000; Foto: Werner Hannappel, Essen: S. 89 M.
RAG Montan Immobilien GmbH, Essen: S. 7 (alle, Fotograf: Jens Peter Noll, Wien)
Ekkehart Reinsch, Dortmund: S. 31 o., 91 o. r., 91 u.
Ulrike Romeis, Lünen: S. 16/17
Klaus Rose, Iserlohn: S. 39 l.
Joachim Schumacher 1997, Fotosammlung LVR-Industriemuseum, Oberhausen: S. 82 l.
Stiftung Industriedenkmalpflege und Geschichtskultur, Dortmund: S. 54 u. (Matthias Duschner); Rückseite o. l., S. 52/53, 61 o., 65 u. r., 71 (Werner Hannappel); Rückseite o. M., S. 51 u. M., 51 u. r., 55 o., 55 u. l. (Karlheinz Jardner); S. 58 (Klaus Sannemann); S. 51 u. l., 60 o., 61 u., 65 u. l., 65 u. M., 66 (alle), 66/67, 73, 88 M. (Klaus-Peter Schneider); S. 68 (Architekt Rahim Sediqie, Bauherr Wolfgang Werner); Rückseite u. M., S. 51 o., 55 u. r., 56/57, 59, 60 u. l., 60 u. r., 62/63, 65 o., 69, 70/71 (Manfred Vollmer)
Süddeutsche Zeitung Photo, München: Rückseite u. l., S. 18 o.; S. 18 u. l. (Scherl)
Thomas Wolf, Gotha: S. 90 r.

Karte auf S. 79: THAMM Publishing & Service, Bosau, nach Unterlagen und mit freundlicher Genehmigung des Regionalverbands Ruhr, Essen

Titel: Fördergerüst der Zeche Zollverein, Essen (Foto: Jens Peter Noll, Wien)
Rückseite, obere Reihe: Kokerei Zollverein, Essen, Illumination von Speirs & Major; Kokerei Zollverein, Essen, Löschturm; Technologiezentrum „Lüntec", ehemalige Zeche Minister Achenbach, Lünen
Rückseite, untere Reihe: Guss von Siemens-Martin-Stahl bei Krupp, Essen; Maschinenhalle Zeche Zweckel, Gladbeck; Hochofenabstich im Revier